LES BEAUTÉS

DE LA NATURE.

LES BEAUTÉS
DE LA NATURE,

OU

DESCRIPTION

DES ARBRES, PLANTES, CATARACTES, FONTAINES, VOLCANS, MONTAGNES, MINES, ETC., LES PLUS EXTRAORDINAIRES ET LES PLUS ADMIRABLES, QUI SE TROUVENT DANS LES CINQ PARTIES DU MONDE;

PAR A. ANTOINE (DE SAINT-GERVAIS).

SECONDE ÉDITION,
Revue, augmentée et ornée de six gravures.

PARIS,

A LA LIBRAIRIE ENCYCLOPÉDIQUE DE RORET,
RUE HAUTEFEUILLE N° 10 BIS.

1834.

INTRODUCTION.

Dans une belle journée d'été, M. Valmont ayant mené sa petite famille promener dans la campagne, on avait visité les carrières des plaines de Montrouge, puis côtoyé la petite rivière de Bièvre, et l'on était revenu par le jardin des Plantes, où l'on se reposait sous le majestueux cèdre du Liban, qui couvre de ses longs rameaux les sentiers tortueux du labyrinthe.

Ces divers objets avaient fixé la conversation sur les grottes, les cavernes, les fleuves, les arbres extraordinaires, et généralement sur tout ce que la nature a produit de plus curieux. — Cet arbre magnifique que vous admirez avec raison, dit M. Valmont, *le cèdre du Liban*, tient le premier rang parmi les végétaux les plus considérables. En 1734, Bernard de Jussieu planta celui-ci après l'avoir apporté d'Angleterre; il était alors si petit, qu'il le portait dans son chapeau.

ÉMILE.

Cet arbre a par conséquent près de quatre-vingts ans; c'est un grand âge.

M. VALMONT.

Nous irons un jour promener à Versailles ; je vous montrerai un oranger qui est bien plus âgé, car il a environ trois cents ans : on l'appelle le *Grand-Bourbon*.

CÉLESTE.

Trois cents ans ! Je n'aurais pas cru qu'un arbre existât si long-tems.

M. VALMONT.

On voit dans la principale cour de l'hôtel-de-ville de Fribourg en Suisse, un tilleul qui, si l'on en croit la tradition, fut planté le jour même de la bataille de Morat, gagnée par les troupes confédérées de la Suisse, il y a plus de trois cents ans. Pline rapporte que, de son tems, on voyait encore des oliviers que le premier Scipion l'Africain avait plantés : si le fait est exact, ces oliviers avaient près de trois cents ans ; on cite des arbres qui ont subsisté bien davantage.

A Bettange, département de la Moselle, on voit près de l'église un orme dont le tronc a quatorze pieds de diamètre dans un sens, et de sept à huit dans l'autre. Il est creux, mais la cavité est divisée par des cloisons

concentriques, formées de couches ligneuses qui ont résisté à
la décomposition. Ces cloisons
sont tellement séparées les unes
des autres, que l'on peut passer
entre elles. Les traditions locales
font remonter l'existence de cet
arbre jusqu'au tems du culte
druidique, aux cérémonies duquel il était, dit-on, consacré.

La plupart des peuples, les
Persans surtout, ont le plus
grand respect pour les vieux
arbres. Il y en avait un à Chiras,
qui était d'une grosseur extraordinaire, et qu'on assurait avoir
plusieurs siècles : les personnes
religieuses allaient prier auprès

de cet arbre comme dans un lieu saint ; il était continuellement chargé de divers habillemens, qu'on prétendait bénits quand ils avaient été vingt-quatre heures sur ses branches ; les malades ou leurs gardes venaient y brûler de l'encens et des aromates, espérant que cet arbre ferait recouvrer la santé. On voit en différens lieux de la Perse, de ces vieux arbres que le peuple révère, et qu'il nomme *arbres excellens* : ils sont lardés de clous, où l'on suspend des vêtemens et des cassolettes remplies de parfums.

Ces détails, et plusieurs autres

sur différentes productions merveilleuses de la nature, avaient
vivement excité la curiosité des
deux enfans; de retour à la
maison, ils pressaient encore
leur père de leur apprendre tout
ce qu'il savait sur cet intéressant
sujet.

Dans le dessein d'exercer leur
esprit sur des matières amu-
santes et instructives, et de faire
servir l'attrait du plaisir à les
rendre attentifs aux merveilles
de la Providence, M. Valmont
leur dit qu'il avait dans sa bibliothèque un manuscrit contenant la description de ce que
la nature offrait de plus curieux,

de plus admirable en tous genres dans les quatre parties du monde. — Voyons-le, papa, demanda aussitôt la petite famille.

M. Valmont alla chercher cet ouvrage, et l'apporta sur la table. — Oh! le beau livre! s'écrièrent Émile et Céleste en voyant la dorure qui le couvrait, et s'apercevant qu'il renfermait plusieurs dessins. Si papa veut me le prêter, dit Céleste, je le lirai demain tout entier.

Mme VALMONT.

Vous ne songez pas, ma fille, qu'il faut, ainsi que votre frère, prendre votre leçon d'écriture, faire vos calculs, étudier votre géographie, votre musique, copier votre dessin, et que vous avez en outre votre travail à l'aiguille.

M. VALMONT.

Votre mère a raison ; il ne faut pas que la curiosité de connaître une chose nous fasse négliger nos devoirs accoutumés : d'ailleurs, ce n'est pas en lisant vite que l'on s'instruit ; il faut méditer et réfléchir : une lecture faite en commun fructifie davantage ; chacun fait ses observations, ce que nous ne comprenions pas d'abord s'éclaircit, et le point qu'on a discuté se grave mieux dans la mémoire. Nous ne lirons donc ce livre que dans nos soirées, lorsque vous aurez bien fait tous vos devoirs dans le cours de la journée, et que votre mère et moi nous serons bien contens de vous. — Oh! papa, nous serons bien sages, dirent à la fois Émile et Céleste. M. Valmont les embrassa tous deux, puis il ouvrit son livre. — Je vais chercher, leur dit-il, le chapitre qui traite des arbres curieux, des plantes extraordinaires.

LES BEAUTÉS DE LA NATURE.

PREMIER ENTRETIEN.

ARBRES, PLANTES.

M. VALMONT.

Il n'est peut-être rien de plus digne d'admiration dans les merveilles infinies dont la nature nous a environnés, que les prodiges du règne végétal. Nous avons dit que le cèdre tenait le premier rang parmi les végétaux les plus considérables. Les cèdres du mont Liban forment sur cette montagne un bois d'environ un mille de circuit (à peu près un tiers de lieue). Le

voyageur Pockoke mesura le plus rond
de ces arbres, il avait vingt-quatre pieds
de circonférence ; un autre, dont le tronc
était d'une figure triangulaire, avait douze
pieds sur chaque face, ce qui fait en tout
trente-six pieds de circonférence. Le P.
Goujon, dans son *Voyage de Palestine*, dit
qu'il en a compté dix-huit qui subsistent.
suivant la tradition du pays, depuis le
règne de Salomon. (Reste à savoir si cette
tradition est exacte : car, en général, les
choses extraordinaires sont exagérées dans
les vieilles traditions de pays.) Les chré-
tiens des environs ont construit des autels
au pied de ces gros arbres ; ils s'y rendent
le jour de la Transfiguration, pour célébrer la fête.

Après le cèdre du Liban, qui est l'arbre
le plus majestueux, je dois vous parler du
baobab. Cet arbre est parmi les plantes ce
que l'éléphant est parmi les animaux. Son
tronc n'est pas très haut, mais il est d'une

grosseur qui en fait une espèce de prodige :
il y en a qui ont jusqu'à vingt-cinq pieds
de diamètre. Les premières branches s'é-
tendent presque horizontalement ; et,
comme elles sont très grosses et qu'elles
ont jusqu'à soixante pieds de largeur, leur
propre poids en fait plier l'extrémité jusqu'à terre, de manière que la tête de l'arbre, assez régulièrement arrondie, cache
absolument son tronc, et paraît une
énorme masse de verdure à demi-ronde :
cette masse a quelquefois cent cinquante
à cent soixante pieds d'une extrémité à
l'autre. Ces arbres, originaires d'Afrique,
peuvent, dit-on, subsister trois ou quatre
mille ans.

ÉMILE.

Ah, mon Dieu ! c'est bien autre chose
que l'oranger de Versailles. Ces arbres pro-
duisent-ils des fruits?

M. VALMONT.

Oui ; mais ils ne sont d'aucune utilité. Ainsi le baobab n'attire les regards et l'attention de l'homme que par l'espace qu'il occupe sur la terre, semblable à ces grands seigneurs et à ces princes qui n'ont que leurs titres et leur fortune pour se faire remarquer au milieu de la société. Les nègres font un singulier usage de ces arbres. Lorsqu'ils commencent à se carier, ils achèvent de les creuser ; ils y pratiquent des espèces de petites chambres, dans lesquelles ils suspendent les cadavres de ceux auxquels ils ne veulent pas accorder les honneurs de la sépulture, tels que leurs jongleurs, qu'ils méprisent parce qu'ils les croient des sorciers. Ces cadavres s'y dessèchent parfaitement, et y deviennent de véritables momies sans aucune autre préparation.

Mais un arbre qui est un véritable bien-
fait de la nature par sa prodigieuse utilité,
c'est le *cocotier*. Un voyageur traversait un
des déserts de l'Afrique ; la faim et la soif
le tourmentaient, il se hâtait d'arriver à un
bois de palmiers-cocotiers qu'il apercevait
au loin : il espérait y trouver de quoi apai-
ser les deux besoins qui le pressaient. Le
voilà arrivé. Il souffre déjà moins en entrant sous l'ombrage de ces arbres ; mais,
pour comble de bonheur, il aperçoit une
cabane dans ces lieux solitaires : il s'y dirige. L'hôte de ce désert le reçoit avec
bonté, et le fait entrer. Je n'ai, dit-il, à
vous offrir en ce moment que les productions de ces lieux. En même tems il lui
présente de cette eau aigrelette et parfu-
mée qui se trouve dans le jeune coco ; le
voyageur la boit avec délices. Mais quel
était le vase qui contenait cette liqueur ra-
fraîchissante? la noix même du coco. Sa
forme, toute naturelle, était aussi agréa-

ble que commode, et l'on eût dit qu'un peintre habile en avait peint et verni l'extérieur.

Le solitaire fait reposer son hôte sur une natte fort douce et fort propre ; elle avait été fabriquée avec les filamens déliés des feuilles : on en voyait de semblables sur les murs de la cabane.

Le dîner ne se fit pas beaucoup attendre. Le solitaire avait du feu devant sa demeure ; il fit cuire un chou de cocotier sous les cendres brûlantes, il le servit ensuite sur une large feuille du même arbre ; cette feuille tint en même tems lieu de nappe et de plat : dans un désert, on fait comme l'on peut. On donna pour sauce de l'eau de la noix, et du vinaigre aussi fourni par le cocotier. Le vin ne manqua point ; un vin doux, parfumé, et très propre à rafraîchir la bouche desséchée du voyageur qui a traversé les sables arides. Pour obtenir cette liqueur bienfaisante, on monte le long du tronc des cocotiers, on coupe l'extrémité de cette grande enveloppe où sont contenues les fleurs; il en coule une liqueur blanche que l'on recueille avec soin dans des pots attachés à chacune de ces enveloppes : c'est là le vin de cocotier; il n'est bon que le premier jour; le lendemain, c'est du vinaigre qui a encore son utilité. Si l'on veut se donner la peine de le distiller, il en résulte une liqueur spiritueuse qu'on nomme *rack* ; on retire ensuite un second suc non spiritueux, qui, par l'évaporation, donne un sucre noir. Vous pensez bien que les enveloppes que l'on a traitées ainsi ne donnent point de fruit, parce que la liqueur qui devait former le coco est épuisée.

Pour tenir lieu de pain, on servit une amande sèche. On varia les mets; les feuilles tendres d'un autre chou furent accommodées en salade avec de l'huile et du vinaigre venant toujours de la même source : le solitaire avait ses provisions d'avance.

Le voyageur lui marqua son étonnement de ce qu'il savait tirer tant de parti du cocotier. « Bon ! répliqua-t-il, ma nourriture n'est que la moitié des bienfaits que m'accorde cet arbre précieux. Veuillez regarder autour de nous : le bois dont est construite cette cabane est tiré du tronc des cocotiers ; la couverture est composée de leurs feuilles tressées; comme je manquais de clous, j'ai attaché les morceaux de la charpente avec de fortes cordes de cette espèce de bourre ou filasse naturelle qui entoure la noix. Mes habits viennent du même endroit ; cette natte fine qui entoure mes reins est fabriquée avec la matière que j'emploie pour faire mes cordes et mes ficelles. Cette grande feuille que vous voyez là, me sert de parasol dans les beaux jours, et me garantit de la pluie pendant la mauvaise saison. Ce réseau qui pend à la muraille, et qui me sert à passer l'eau qui contient des ordures, est un tamis naturel qui se trouve à la partie de l'arbre d'où sortent les branches feuillées ; je n'ai que la peine de l'enlever. Enfin, la Providence, qui semble prodiguer tout ce qui est utile, a voulu que le cocotier, qui seul peut fournir aux premiers besoins de l'homme, donnât ses fruits deux ou trois fois chaque année : remercions-la pour le repas qu'elle vient de nous apprêter dans ce désert. »

Tout en conversant, la nuit vint : le solitaire alluma sa lampe, c'était une coquille de coco, et la mèche était faite de la bourre qui l'avait entourée. Pour prendre le repos de la nuit, on se coucha sur une natte de feuilles. Au matin, le solitaire prépara pour le voyageur un vase de lait d'amandes, dans lequel il fit dissoudre un peu de ce sucre noir dont je vous ai parlé.

« Pendant que vous déjcûnerez, lui dit-il, je vais écrire une lettre que je vous prierai de remettre à un de mes amis qui demeure dans la ville où vous vous rendez. » Comme il n'avait point de papier, il prit un morceau de feuille sèche, il écrivit dessus avec facilité, et n'omit rien de ce qu'il avait à dire à son ami éloigné. Le voyageur partit ensuite, remerciant l'industrieux solitaire de sa bienveillante hospitalité, et admirant les innombrables ressources de la nature.

CÉLESTE.

En effet, le cocotier est vraiment un arbre admirable !

M. VALMONT.

Dans les Indes, le figuier jette de fort grandes branches, dont les plus basses se courbent tellement sur la terre, qu'elles s'y enfoncent et prennent racine dans l'espace d'un an; de sorte que ces jeunes provins, placés en rond à l'entour du tronc principal, forment une voûte ou arcade du coup-d'œil le plus agréable, tant au dehors qu'au dedans. Les bergers se tiennent l'été dans cette enceinte, qui, indépendamment de l'ombre qu'elle leur procure, leur sert aussi de retranchement pour leur sûreté. Les branches supérieures du figuier-mère se portent vers le haut, et font une petite forêt. Les principaux de ces arbres ont jusqu'à soixante pas de tour; ils firent l'admiration d'Alexandre-le-Grand lorsqu'il entra en vainqueur dans les Indes.

Dans les montagnes de la Jamaïque, il y a le *lagetto*, arbrisseau dont les feuilles ressemblent à celles du laurier. L'écorce extérieure est dure et brune. Ce qu'il offre de surprenant, c'est que l'écorce intérieure est composée de douze ou quatorze couches qu'on sépare très facilement en autant de pièces de toile ou d'étoffe. La première de ces couches, qui vient après la grosse écorce, forme un drap assez épais pour faire des habits; les suivantes ressemblent à du linge, et servent à faire des chemises. Les écorces intérieures des plus petites branches sont autant de gazes et de dentelles très fines, et s'étendent et se resserrent ainsi qu'un réseau de soie. Dans les Antilles, on emploie cette écorce par curiosité; on en fait des cocardes, des manchettes, des voiles, des garnitures de robes. Pour les blanchir, il suffit de les agiter dans de l'eau de savon. Le chevalier Sloane dit, dans ses *Mémoires*. que Charles II, roi de la Grande-Bretagne, se parait souvent d'une cravatte de dentelle de lagetto, dont on lui avait fait présent. Je vous montrerai un fichu de cette espèce au cabinet d'histoire naturelle du Jardin des Plantes.

Le fruit de *l'arbre à suif*. qui croît naturellement à la Chine, étant broyé, forme un pâte avec laquelle on fait de bonnes chandelles. Je vous ferai voir des bougies provenant du fruit du *cirier*, arbre de l'Amérique.

Si je voulais vous entretenir de tous les arbres d'une merveilleuse utilité, je vous citerais le *palmier-dattier*, l'*arbre à pain*, le *shéa* ou l'*arbre à beurre*, le *savonnier*, etc. ; mais je ne veux vous parler maintenant que des arbres devenus curieux par une végétation extraordinaire, et, pour ainsi dire, hors des lois générales de la nature.

Vous avez admiré tantôt les platanes du jardin des Plantes : au milieu des ruines du vieux monastère New-Albey, dans le comté de Galloway, en Écosse, on voit un arbre de cette espèce qui est un phénomène de végétation ; car il est venu sur un mur fait de pierre et de chaux. Comme, en position, il était peu à portée de se procurer autant de sucs nourriciers qu'il en

avait besoin, il a poussé en plein air des
racines qui se sont dirigées de haut en bas
le long du mur, lequel a dix pieds d'élévation. Elles ont mis plusieurs années avant
d'arriver jusqu'à terre ; pendant tout ce
tems, elles ont vécu, ainsi que l'arbre, de
l'humidité que pouvait leur fournir le mur
et l'atmosphère. A la fin, ces racines s'en-
foncèrent dans la terre, et, depuis ce moment, elles ont mis l'arbre en état de croître avec vigueur, car il n'a pas moins de
quarante pieds de hauteur.

Les premiers platanes qui furent plantés
à Rome, parurent si beaux, qu'on exigea
pendant long-tems une rétribution de la
part de tous ceux qui venaient s'asseoir à
leur ombrage ; la fureur d'en planter devint même si grande, que, pour les faire
pousser plus vite, plusieurs particuliers,
au rapport de Pline, essayèrent d'en arroser les racines avec du vin. Il y avait aux
environs de Vélétri un platane surprenant,

dont quelques branches étaient disposées en plancher, tandis que d'autres pouvaient servir de bancs ; ce qui formait une espèce de salle. L'empereur Caligula y donna un festin à quinze personnes ; non seulement tous les convives étaient à l'aise, mais encore il y avait assez de place pour que les officiers pussent faire librement le service. L'empereur appela ce repas le *festin du nid*, parce qu'il l'avait donné sur un arbre.

EMILE.

Cela devait être bien curieux à voir?

M. VALMONT.

Eh bien, mes enfans, remplissez exactement tous vos devoirs cette semaine, et dimanche prochain je vous ferai dîner dans un arbre.

CELESTE.

Comme l'empereur Caligula?

M. VALMONT.

Absolument comme lui. A Montmartre, il existe, dans le jardin d'un traiteur, un poirier qu'on a appelé *le poirier sans pareil ;* ses branches sont si étendues et forment un tel espace au milieu, qu'on y a établi un plancher : j'y ai vu trente-deux personnes à table. On se trouve là comme dans une salle de verdure ; et, dans la saison des fruits, de très belles poires couronnent la tête des convives.

EMILE.

Oh, certes ! je ferai tout ce qui dépendra de moi pour que tu sois content, afin d'avoir le plaisir de dîner dans cet arbre.

M. VALMONT.

Je pourrai aussi vous conduire à Grand-Mesnil, à sept lieues de Paris. Vous y ver-

rez un charme qui a cent quarante ans,
et dont les branches, sans aucun secours
étranger, portent, entourent, ombragent
de leur verdure une salle qui renferme une
table de vingt couverts, avec les buffets et
l'espace circulaire nécessaire à la facilité
du service.

Continuons notre lecture. Pline fait mention d'un autre platane célèbre en Lycie.
Cet arbre, d'une grosseur prodigieuse,
était creux; on le nommait *la Grotte vé-*
gétante; on y voyait des bancs de mousse,
sur lesquels se reposaient les voyageurs;
la cîme ombrageait un vaste terrain. Le
consul Mucianus étant gouverneur de cette
province, donna un repas à dix-huit personnes dans l'intérieur de cet arbre.

CELESTE.

Ce platane est encore plus curieux que
celui de Caligula.

M. VALMONT.

La 4ᵉ livraison du grand Ouvrage sur l'Égypte fait mention d'un sycomore qui se trouve sur la place du Caire, appelée El Ezbekieh, et qui couvre par son ombrage un espace de trente mètres. Son bois passe pour être incorruptible : il est de fait qu'il se conserve très long-tems, et que nous possédons des morceaux de ce bois sculptés par les anciens Égyptiens depuis trente siècles, et qui sont encore intacts.

En Angleterre, dans la province de Northampton, il y a un chêne qu'on nomme le *chêne du roi Étienne* ; c'est peut-être l'arbre le plus prodigieux de cette espèce qu'il y ait sur la terre, par la grosseur de son tronc et la hauteur de sa tige, par l'étendue de ses branches et l'épaisseur de son feuillage : il peut couvrir de son ombre plus de quatre mille personnes.

EMILE.

Quatre mille personnes!

M. VALMONT.

On assure que ce chêne a plus de six cents ans; et je le crois, d'après sa dénomination de *chêne du roi Étienne*, laquelle semble supposer qu'il existait du tems de ce prince, qui vivait en 1140. Dans le même royaume, on a vu un orme creux qui servit long-tems d'habitation à une pauvre femme, qui s'y retira d'abord pour y faire ses couches.

Il y avait à Strasbourg un arbre qu'on appelait *l'arbre vert* ; il a donné son nom à la promenade où il se trouvait placé. On pouvait dresser à son ombre plus de vingt tables de quatre couverts chacune : cent personnes environ pouvaient donc tenir commodément à table sous cette espéce de tente naturelle. Dans les fêtes publiques, on étayait les premières branches de cet arbre, sur lesquelles on établissait un plancher ; et j'ai vu les Strasbourgeoises valser dans cette salle d'une nouvelle espèce. Je vous mènerai aussi à Saint-Gratien ; dans ces lieux honorés par le souvenir de Catinat, nous visiterons un arbre qu'on y conserve précieusement, et sous lequel venait chaque matin s'asseoir cet illustre guerrier.

Rey raconte dans son *Histoire des Plantes*, que l'on voyait de son tems, en Vestphalie, un chêne d'une grosseur prodigieuse, qui était creux, et où l'on faisait monter par l'intérieur un soldat que l'on y plaçait en faction comme dans une tourelle.

CELESTE.

Il est bien singulier de voir un arbre servir comme de donjon d'une citadelle.

M. VALMONT.

On en a vu servir de chapelle. Il y avait en France le *chêne d'Allonville*, dont le tronc formait une grotte spacieuse. On y voyait une chapelle où un ermite disait la messe, et qui pouvait contenir deux personnes, outre le célébrant et celui qui répondait. Au-dessus du tronc, ce chêne avait jeté des branches très étendues, et l'ermite s'était construit là une chambre qui contenait un lit, une table et deux chaises. A Pontoise, on voit un mûrier fameux, dans l'intérieur duquel on a construit une cabane à quatre étages.

Le P. Joseph Romain, dans son *Histoire de la Franche-Comté*, parle d'un sapin extraordinaire du bois de Gillié, près de Morteau. «Cet arbre, dit-il, l'un des plus gros de la forêt, s'élève d'abord jusqu'à la hauteur de trente pieds ; ensuite il se partage en sept branches, chacune desquelles est comme le tronc d'un sapin de grosseur médiocre. Dans le lieu de leur naissance ou de leur division, il a crû un arbre d'une autre espèce, d'un pouce de diamètre à peu près : il s'élève de fort bonne grâce, à mesure que l'écart des branches lui donne plus de liberté. » Il existe dans le parc de la ménagerie de Berlin un chêne creux que le peuple révère comme un arbre sacré. Un ermite y avait établi sa demeure ; il n'y a pas long-tems qu'il fut reconnu que cet hypocrite sortait de cette retraite pour attaquer et dépouiller les passans : depuis le mois de novembre 1812, l'ermite n'y est plus, mais l'arbre y est toujours.

Dans le village de Fouillebec, département de l'Eure, on voit un if dont le tronc a vingt-un pieds de pourtour; sa grosseur prodigieuse et sa solidité extraordinaire suffisent pour soutenir le chœur d'une église à laquelle il est adossé, et qui s'écroulerait dans un profond ravin si l'arbre ne lui servait pas d'appui. Sur la route de Honfleur on voit, à côté d'un moulin, un osier ayant près de neuf pieds de contour, trente-un pieds de tige jusqu'aux branches, et environ cinquante-six pieds avec le couronnement.

L'été prochain, nous devons aller à Villers-Cotterets; eh bien, je vous ferai voir la *salle des Douze-Frères :* c'est un joli cabinet de verdure qu'on a nommé ainsi, parce qu'une seule souche a produit douze rejetons, qui sont sortis de terre à une assez grande distance les uns des autres pour former une salle ronde, comme si on les eût plantés exprès. La forêt de Villers-Cotterets faisait partie des apanages du duc d'Orléans; la beauté et la singularité de la *salle des Douze-Frères* avaient engagé le prince à la choisir pour son rendez-vous de chasse. Je vous ferai voir aussi un arbre

pittoresque qui se trouve dans le jardin de
Moulin-Joli, près Argenteuil, à deux lieues
et demie de Paris, sur les bords de la Seine.
A peu de distance d'un vieux saule, qui
paraît avoir vu se renouveler plus d'une
fois les habitans de ce rivage, se trouve une
espèce de cabinet en saillie sur le courant
de l'eau ; il est fabriqué dans un arbre dont
la cime, composée de branches disposées
en rond, fit naître l'idée d'en former un
petit réduit solitaire. On y est entouré de
rameaux qui couronnent l'arbre et qui servent d'appui de tous côtés en ne laissant
de libre que l'espace nécessaire pour s'y
placer. Des deux côtés du siége de ce petit belveder, si propre à la méditation,
semblent s'approcher deux branches pour
qu'on lise ce qui est tracé sur leur écorce.
L'une, dans l'incertitude de la situation
où peut se trouver celui à qui elle parle,
s'exprime ainsi :

De ce riant séjour, de ce paisible ombrage
Éprouvez les charmes secrets :
Infortunés, retrouvez-y la paix;
Heureux, soyez-le davantage.

L'autre prend un ton plus réfléchi :

Consacrer dans l'obscurité
Ses loisirs à l'étude, à l'amitié sa vie,
Voila les jours dignes d'envie :
Être chéri vaut mieux qu'être vanté.

CÉLESTE.

Oh, papa ! je ne te laisserai pas oublier de nous mener visiter ces arbres.

M. VALMONT.

Un effort bien marqué de la nature dans une production végétale, se remarquait dans le *vieux châtaignier* de Tetworth, en Angleterre, province de Glocester : on le voyait encore en 1758. Son tronc avait cinquante-un pieds de circonférence; il avait seulement sept à huit pieds de hauteur.

A sa couronne, cet arbre se partageait en trois branches, dont l'une avait vingt-huit pieds et demi de circonférence sur cinq pieds de hauteur. Il était situé sur une montagne. Sous le règne de Jacques Ier, cet arbre était déjà connu sous le nom de *vieux châtaignier*, et on conjecturait, en 1758, qu'il pouvait avoir environ dix siècles.

La conservation de la plupart de ces vieux arbres est souvent due à quelques souvenirs qu'on aime à perpétuer. Après la défaite de Worcester, Charles II, roi d'Angleterre, fugitif et proscrit, ne se déroba aux poursuites de Cromwel qu'en se tenant caché sur un chêne à Shrewsbury. Devenu paisible possesseur du trône, il revint voir le chêne dans lequel il s'était réfugié ; il y cueillit quelques glands qu'il planta dans le parc de Saint-James et qu'il allait arroser lui-même tous les matins. D'après cet évènement, on donna à cet arbre le nom de *chêne royal*. Il est garanti par une muraille de briques, et il est entouré de lauriers qu'on y a plantés.

On voit auprès de Berlin un *arbre historique,* aussi intéressant que curieux. Il est chargé de vers, d'inscriptions et de noms français tracés par les premiers réfugiés qui, à l'époque de la révocation de l'édit de Nantes, reçurent l'hospitalité dans le Brandebourg. Ces caractères, prodigieusement grossis par le tems, couvrent entièrement le tronc de cet arbre antique; et la mélancolie touchante qui règne dans presque toutes les inscriptions, prouve assez que toutes les consolations d'une noble hospitalité ne peuvent faire oublier la patrie.

On montre près de Hambourg un arbre célèbre dont l'écorce est chargée aussi de noms et d'inscriptions, parce que le poète Hagedorn allait, dit-on, y méditer et composer. On l'appelle *l'arbre de Hagedorn.*

On trouve aussi près de Copenhague *l'arbre de Klopstock*, ainsi nommé parce que cet illustre écrivain se plaisait à dormir sous son ombrage.

En Angleterre, dans la ville de Littlefield, patrie de Samuel Johnson, on voit, près de la cathédrale, un énorme saule pleureur, planté par ce célèbre écrivain dans son enfance, et dont, pour cette cause, on prend le plus grand soin. Dans le même royaume, un ecclésiastique vint s'établir à Strafford, patrie de Shakespeare, il acheta la maison et le jardin de ce poète tragique, et il abattit un mûrier que Shakespeare avait planté. Cela causa le plus grand trouble dans la ville: on pilla la maison; le prêtre heureusement se sauva. On acheta le mûrier, et de son bois on fit des tasses et des tabatières qui se vendirent des prix considérables.

On a conservé long-tems dans le bois de

Vincennes, auprès de Paris, un chêne sous lequel Saint Louis s'asséyait pour y écouter les plaintes ou les demandes de ses sujets, et leur rendre justice; trône champêtre et populaire, que la douce affabilité rendait accessible de toutes parts, que le peuple en foule pouvait entourer, et dont l'amour et la reconnaissance assuraient l'inébranlable solidité.

Les Allemands, pendant plusieurs années, laissèrent en friche l'endroit où Turenne fut tué, et le montraient comme un lieu sacré. Ils respectèrent aussi l'arbre sous lequel ce guerrier se reposa peu de tems avant sa mort, et il n'a péri que par l'enlèvement des morceaux que les soldats de toutes les nations en firent par respect pour sa mémoire.

Il existe dans la plaine de Lens (Pas-de-Calais), un arbre unique, au pied duquel se reposa le Grand Condé, après avoir gagné là, sur les Espagnols, une célèbre bataille, en 1648. Depuis, cet arbre a toujours porté le nom de Condé; et, malgré les révolutions successives survenues en France, il a été constamment soigné et respecté.

Nous avons, dans la vallée de Montmorency, un vieux châtaignier qu'on appelle *l'arbre de J. J. Rousseau*, parce que ce grand homme venait de préférence rêver sous son ombrage ; le tonnerre en a brûlé la cîme. J'ai voulu mesurer cet arbre ; nous avons formé une chaîne de cinq personnes en nous donnant les mains ; c'est tout ce que nous pouvions faire que d'embrasser sa base.

ÉMILE.

Il y a long-tems que tu nous promets de nous conduire dans cette vallée renommée par ses cerises. Je te prierai, mon cher papa, de nous faire faire ce petit voyage cette année ; nous le désirons d'autant plus maintenant, que nous sommes curieux de voir l'arbre de J.-J. Rousseau.

M. VALMONT.

Je le veux bien; mais le livre que j'ai sous les yeux fait mention d'arbres bien plus gros que celui-là. Je lis que Christophe Colomb et quatorze hommes qui se joignirent à lui, ne purent embrasser un arbre fameux dans l'Amérique. Au contraire, dans l'île des Barbades, une espèce d'arbre croît jusqu'à la hauteur de trois cents pieds, sans avoir plus d'un pied et demi de diamètre dans le plus épais de sa tige.

Dans notre première promenade au jardin des Plantes, je vous ferai remarquer le *cierge du Pérou*, arbre de plus de trente pieds de haut, qui est dans la même serre depuis plus d'un siècle, et n'a que quelques pieds carrés de terre pour végéter. Vous verrez aussi des feuilles de *l'arbre d'argent*;

vous admirerez leur nuance brillante : il y a, en Afrique, des forêts entières qui ont en effet l'air d'être argentées. Les feuilles du *bananier de paradis* sont d'une telle grandeur, qu'une seule suffit pour couvrir presque entièrement un homme.

CÉLESTE.

N'y a-t-il pas un arbre singulier qu'on appelle *l'arbre du diable* ?

M. VALMONT.

Oui : on appelle ainsi vulgairement un arbre dont le nom est le *sablier éclatant* ; il croît dans l'Amérique. Son fruit, dans l'état de maturité, est élastique ; desséché par la chaleur du soleil, il se gorge, se fend avec éclat, et lance au loin ses graines : c'est à ce jeu de la nature que cet arbre doit son nom. En effet, dans le tems du développement de ses graines, le fruit produit l'effet d'une petite artillerie dont

le bruit se succède rapidement, s'entend
d'assez loin, et arrête le voyageur étonné.

ÉMILE.

J'ai lu une description aussi curieuse
qu'extraordinaire, d'un arbre terrible qu'on
appelle le *bohon-upas*; c'est l'arbre-poison par
excellence. Si vous voulez me le permettre,
je vous ferai part de cette relation faite par
un chirurgien hollandais nommé Foërsch.

M. Valmont engagea son fils à leur faire
connaître ce récit. Émile alla chercher son
livre, y jeta un coup d'œil, et commença
ainsi sa narration.

Selon notre voyageur, dit-il, le bohon-
upas se trouve dans l'île de Java, à vingt-
sept lieues de Soura-Charta, résidence du
sultan. Il croît parmi des collines stériles;
il exhale autour de lui une vapeur empoi-
sonnée qui, dans le rayon de quelques
lieues, éteint la végétation; lui seul il pros-

père, il peuple ces déserts de ses affreux rejetons. L'empereur de Java, qui attache le plus grand prix à ce poison, accorde aux criminels condamnés à mort l'option de subir leur supplice ou d'aller chercher une certaine quantité du poison qui découle de l'arbre. Ce dernier parti est ordinairement celui qu'ils choisissent; s'ils ont le bonheur de revenir, ils obtiennent leur grâce. On leur remet une boîte d'argent ou d'écaille, destinée à recevoir la gomme qu'ils doivent rapporter; on leur donne quelques instructions sur la manière dont ils doivent se conduire dans cette dangereuse expédition. La chose qu'on leur recommande le plus est de faire grande attention à la direction du vent, et d'en prendre le dessus, pour arriver à l'arbre; enfin, de marcher avec vitesse et d'agir avec promptitude. Ils partent ensuite pour se rendre chez un vieux prêtre malais, qui habite un lieu par où l'accès des montagnes est le plus facile. Si le vent est favorable pour entreprendre le voyage, le prêtre leur met sur la tête un long bonnet garni de deux verres vis-à-vis des yeux, et qui descend sur leur poitrine; on leur donne aussi une paire de gants de peau. Le prêtre les accompagne jusqu'à quelque distance; puis il leur indique une colline qu'ils doivent passer, et de l'autre côté un ruisseau dont ils doivent suivre le cours, et qui les mène au bohon-upas : c'est là que se font les derniers adieux. Depuis trente ans que le vieux prêtre exerçait son triste ministère, sept cents criminels avaient passé par ses mains, il n'en était pas revenu la dixième partie.

M. Foërsch ajoute qu'au mois de février 1778, il assista à l'exécution de treize femmes du sérail de l'empereur qui avaient été convaincues d'infidélité. Vers les onze heures du matin, ces belles infortunées furent conduites dans une des grandes cours du palais; là, leur juge leur prononça leur sentence, et elles furent condamnées à mourir de la piqûre d'une lancette trempée dans le poison de l'upas. On avait planté treize poteaux élevés d'environ cinq pieds chacun ; on y attacha les treize victimes, le sein découvert. Alors, au signal donné, l'exécuteur muni de sa lancette, les piqua successivement au milieu de la poitrine : l'opération ne dura pas deux minutes ; au bout d'un quart d'heure, toutes avaient succombé.

M. VALMONT.

Cette relation est très curieuse ; mais tous les hommes instruits regardent comme fabuleux, dans plusieurs de ses circonstances, ce rapport de M. Fœrsch, cité, il y a plus de dix ans, dans la *Bibliothèque britannique*, et que tu as retrouvé dans le *Buffon de la jeunesse*. Néanmoins, si l'existence d'un arbre semblable est enveloppée

de fables, elle n'en est pas moins réelle.
Un voyageur français, récemment arrivé
de l'île de Java, M. le docteur Deschamps,
a vu cet arbre dans les forêts de la partie
orientale de l'île; mais son aspect n'a rien
d'effroyable : il a le port et le feuillage d'un
orme. Le suc laiteux qui découle de ses
branches lorsqu'on les brise , est réellement un poison des plus terribles. Les malais pour s'en servir, le mêlent avec quelques autres drogues ; ils y trempent la
pointe de petites flèches de bambou, qu'ils
lancent avec une espèce de sarbacane.
M. Deschamps a vu tuer de cette manière
un singe assis sur un arbre; il reçut le trait
empoisonné dans la partie charnue de la
cuisse, il poussa un cri, et tomba mort
dans l'instant : on examina la blessure, la
flèche n'avait pas pénétré d'un travers de
doigt (1). M. Leschenault de la Tour a rap-

----

(1) Deschamps, *Annales des Voyages*, 1, p. 70.

porté à Paris deux flacons du suc de bohon-upas, et il a fait avec cette substance plusieurs expériences sur divers animaux (1).

Dans les contrées de la Guyanne, il existe un autre arbre non moins sinistre, appelé *markoury,* dont la sève empoisonne les végétaux voisins, et dont l'ombre donne mort à l'homme qui se repose sous ses branches.

ÉMILE.

Oui, j'ai lu cela dans le livre fort intéressant qui a pour titre : *Nouveau Voyageur de la jeunesse dans les cinq parties du monde.*

M. VALMONT.

Je me suis fait un plaisir de vous donner ce livre de M. l'abbé Gaudreau, parce qu'il ne peut que vous fournir des connaissances utiles, et vous inculquer d'excellens principes.

---

(2) Malte-Brun, *Journal de l'Empire*, février 1811.

Nous allons parler maintenant de quelques végétaux curieux sous différens rapports. Pline dit avoir vu un arbre sur lequel on trouvait des noix, des baies, des raisins, des figues, des poires, des grenades, et différentes sortes de pommes.

La gazette de France, du 9 novembre 1818, rapporte que le pasteur de Gollnih, principauté d'Altenbourg, a dans son jardin un pommier qui n'a certainement pas son pareil, et qu'on pourrait bien appeler roi de tous les pommiers du monde, vu que d'après les greffes qu'on a entées sur ses branches, il rapporte soixante-dix espèces de pommes.

En 1693, on fit voir à l'Académie une tranche du tronc d'un orme, sur laquelle paraissait de chaque côté la figure d'une croix semblable à celles des chevaliers de Malte ; en quelque endroit qu'on coupât cet arbre, la même croix se trouvait toujours.

Dans l'Inde espagnole, on donne le nom de *bois de lumière* à une plante qui s'élève ordinairement à la hauteur de deux pieds ; la tige s'allume lorsqu'on la rompt, et elle donne une lumière aussi forte que celle d'un flambeau. La *fraxinelle* offre aussi ce phénomène curieux ; si, dans une belle soirée d'été, on approche une bougie de cette plante, l'atmosphère qui l'environne s'enflamme aussitôt.

Je vous ferai voir une plante singulière à laquelle on a donné le surnom de *gobe-mouche* ; en effet, si quelque insecte vient plonger dans le calice de la fleur pour en sucer le miel, on voit ses bords se resserrer et enfermer le petit larron, qui rend sa prison d'autant plus étroite qu'il se débat davantage.

Diodore de Sicile et Hérodote parlent de roseaux des Indes d'une telle grosseur, que la partie comprise entre deux nœuds servait quelquefois d'esquif à trois hommes pour se conduire sur l'eau. Le grand Condé se promenait souvent sur le canal du château de Chantilly, dans une pirogue ou espèce de gondole d'un seul morceau de bois d'aune creusé, où trois personnes pouvaient tenir facilement. Du tems de Pline, on voyait dans une ville maritime de Toscane une statue de Jupiter grande comme nature, faite d'un seul cep de vigne. A Métapon, toutes les colonnes du temple de Junon étaient de bois de vigne. On voit au musée de Versailles une table précieuse qui a appartenu au connétable de Montmorency ; elle a été taillée d'un seul morceau dans la souche d'un énorme cep de vigne. L'*Histoire de l'Académie des Sciences*, pour l'année 1728, fait mention d'un cep de vigne qui portait des raisins mélangés, c'est-à-dire dont une partie des grappes était rouge et l'autre blanche. Bomare a vu à Chantilly une grappe de raisin qui offrait trois espèces de grains différens ; il y avait des grains tout noirs, d'autres tout blancs, et d'autres noirs et blancs.

ÉMILE.

J'ai lu dans l'Écriture-Sainte (1), que Moyse ayant envoyé Caleb et Josué à la tête d'une troupe d'Israélites pour reconnaître le pays que Dieu avait promis à Abraham, ils en rapportèrent une grappe de raisin d'une telle grosseur, qu'il fallait deux hommes pour la porter.

M. VALMONT.

Je suis bien aise, mon cher Émile, que tu me donnes cette preuve de l'attention que tu mets dans tes lectures. En 1677, on porta à la cour de Vienne un épi d'orge, curieux, en ce que, quatorze autres épis sortant de la même souche s'élevaient autour de lui comme un jeu d'orgues et for-

____

(1) Les Nombres, chapitre 19.

maient un assez beau panache; le quin-
zième, qui les surpassait en hauteur, était
plus gros et plus fourni. Dans son poème
de *la grandeur de Dieu*, M. Dulard parle
d'une touffe de froment qui contenait
trente-deux épis sortant tous du même
tuyau, et on compta dans chaque épi de
quarante-cinq à cinquante grains; de sorte
qu'un seul grain en avait produit près de
seize cents. La vallée d'Yen, dans le Pérou, produit des melons qui pèsent jusqu'à cent livres.

CÉLESTE.

Ces melons doivent être d'une fameuse
grosseur.

M. VALMONT.

Je vais vous donner la description d'un
navet bien autrement curieux, qui fut
trouvé dans le jardin de Weiden, près de
Juliers, sur le chemin de Bonn. Les feuilles

qui sont pour l'ordinaire au haut du navet, se présentaient dressées en forme de
palme, et formaient le plus beau panache.
Au-dessous de ce panache, on voyait
assez distinctement une tête humaine ornée de toutes ses parties; on voyait au-
dessous une poitrine, un sein; et les racines étaient tellement disposées, qu'on
les eût prises pour des bras et des pieds;
le tout représentait une femme nue, assise sur ses talons, ayant les bras croisés
au-dessus de la poitrine. Le *Journal des
Savans*, du mois de février 1677, a fait
graver la configuration de ce navet, et en
a donné la description : il fut présenté à
l'électeur de Cologne. M. Sigaud de Lafond
en fait mention dans son recueil des phénomènes de la nature.

M. Valmont referma son livre, au grand
regret de ses petits auditeurs, pour qui
cette lecture avait beaucoup de charmes.
— Voilà l'heure consacrée au repos, leur

dit-il; et vous savez que demain il faut se lever de bon matin, puisque nous devons aller à Saint-Cloud. Nous terminerons donc ici notre entretien sur les productions curieuses et remarquables de la végétation.

ÉMILE.

Tout ce que tu nous as cité est vraiment merveilleux, admirable, et nous fait désirer vivement de connaître les autres parties de ce manuscrit.

M. VALMONT.

Eh bien, pour vous contenter, j'emporterai demain ce livre avec moi; nous pourrons en lire quelques chapitres.

CÉLESTE.

Bon! cela doublera l'agrément que nous nous promettons depuis long-tems de cette partie de plaisir.

DEUXIÈME ENTRETIEN.

CATARACTES, LACS, ILES, SOURCES OU FONTAINES.

En arrivant à Saint-Cloud, M. Valmont conduisit ses enfans dans le parc, et ceux-ci demeurèrent en extase à la vue de la cascade du château. Ces grandes nappes d'eau qui tombent d'un bassin dans l'autre, ces dauphins, ces sirènes, qui vomissent l'eau avec force, ces jets qui se croisent de toutes parts, offrent un coup-d'œil fort agréable. Ce fameux jet qui s'élance par-dessus les arbres, et s'élève jusqu'à quatre-vingt-dix pieds, émerveillait nos petits admirateurs. Que tout cela est magnifique! s'écriaient-ils dans leur enthousiasme. Cette cascade, leur dit M. Valmont, est en effet une des plus belles de l'Europe; mais ce n'est qu'une faible imitation de ces grandes chutes d'eau naturelles telles qu'on en voit dans diverses contrées. Les cataractes du Nil, de Lauffen, de Tivoli, de Niagara, présentent des effets bien plus admirables.

CÉLESTE.

Quelle différence y a-t-il entre une cascade et une cataracte?

M. VALMONT.

En général toutes les chutes d'eau se nomment cascades; mais on distingue la cascade naturelle de l'artificielle : la naturelle, occasionée par l'inégalité du terrain, prend tantôt le nom de cascade, tantôt celui de cataracte; mais le nom de cascade convient seul à la chute d'eau artificielle, qui n'existe, comme celle qui est devant vous, que par le travail des hommes.

ÉMILE.

Sans doute, ton livre fait mention de ces merveilles; veux-tu nous donner la description de celles que tu nous as nommées?

M. Valmont, charmé du désir que lui témoignaient ses enfans, s'étant assis avec eux sur le gazon, prit son petit manuscrit, et chercha le chapitre qui traitait des eaux. Il trouva en tête un dessin représentant la cataracte du Rhin à Lauffen, canton de Zurich, à trois quarts de lieue au-dessous de Schaffhouse : les enfans l'examinèrent attentivement. Les montagnes de la Suisse, leur dit M. Valmont, présentent un grand nombre de cataractes; celle-ci est la plu-célèbre; les voyageurs qui parcourent ce pays ne manquent point de venir la visiter. La quantité d'eau qui s'y précipite, les différentes formes qu'elle prend, et le bruit qu'occasione sa chute, suffisent pour

former un grand spectacle. Mais, comme
vous le voyez, les objets divers qui concou-
rent à rendre ce lieu pittoresque, lui donnent un nouveau degré de mérite; tout
s'y est réuni pour en former le plus grand
et le plus superbe tableau. La cascade,
vue de face, se trouve partagée en trois
chutes très considérables, par deux rochers saillans et isolés qui s'élèvent entre
mille bouillons d'eaux écumantes. Le mouvement de ces eaux est prodigieux, par la
hauteur d'où elles tombent, par leur grand
volume, et par les différentes inégalités
des rochers qui, en multipliant les chutes
occasionent des groupes de cascades entas-
sées les unes sur les autres; elles s'élèvent,
se joignent, se séparent, et changent de
forme avec une telle rapidité, que l'œil n'en
peut saisir aucune. C'est par cet effet magique qu'on reste attaché comme en extase à
ces sortes de merveilles, quoiqu'elles fati-
guent la vue et la tête. Il s'élève du pied de

la cascade une brume, un nuage d'eau
raréfiée, qui est transporté par le vent
comme une poussière légère, et sur lequel le soleil dardant ses rayons, fait paraître des arcs-en-ciel de la plus grande
beauté.

Les rochers saillans du milieu de la cataracte ont des formes singulières; ils
sont minces par le bas, plus gros et plus
renflés par le haut. Vous voyez, sur la
droite de la cascade, un groupe de fabriques : ce sont des fonderies, des mou-
lins, des usines entourées de charpentes,
de canaux et de roues qui font jaillir les
eaux de tous côtés : des arbres, des rochers, un côteau de vignes, des montagnes boisées par derrière, surmontent ces
fabriques. Dans le fond, une montagne
aride, en procurant un repos à l'œil par
son ton bleuâtre et vaporeux, fait valoir la
blancheur et le brillant des eaux, dont la

vue devient insoutenable quand la lumière du soleil s'y réfléchit.

Regardez maintenant sur la gauche. Une montagne rapide s'élève fort haut, elle est couverte de différens arbres; les eaux semblent s'élancer de son pied. Le château de Lauffen est sur le sommet de cette montagne; c'est un groupe de maisons et de quelques tours, ceint d'une muraille crénelée : ce château fait un fort bel effet par son heureuse position. Devant la cascade est un beau et large bassin, où les eaux tournent et reviennent sur elles-mêmes : elles semblent chercher à multiplier leur cours, et quitter à regret ce bassin.

Pour jouir en entier du spectacle des eaux, il faut suivre la rampe qui descend du château jusqu'au pied de la cataracte. Là, on a pratiqué une espèce de galerie en charpente pour en approcher plus commodément, de façon qu'on peut toucher l'eau avec la main; un gros et immense bouillon se précipite à côté et fort au-dessus du spectateur, avec un bruit, un fracas qui étourdit. La rapidité avec laquelle l'eau passe, éblouit et fait tourner la tête. On est mal à son aise par le tremblement qu'excite sur la galerie le bruit et le courant d'air occasionés par l'eau. On veut quitter sa place, on ne peut; on veut encore voir, se faire une idée sur la rapidité dont les eaux passent et se succèdent; on se fatigue, et l'on se retire, parce qu'on s'aperçoit qu'on est mouillé et qu'on a froid. Il est rare qu'on ne retourne pas à la même place plusieurs fois, tant ce spectacle est attrayant.

CÉLESTE.

D'après cette description, la cascade que nous avons devant les yeux ne me semble plus que peu de chose.

M. VALMONT.

Les travaux des hommes nous paraissent quelquefois étonnans, mais ils ne sont rien en comparaison des ouvrages de la nature. Parlons maintenant de la *cascade de Tivoli*, formée par une rivière que l'on appelait *l'Anio*, et que l'on nomme aujourd'hui *le Teverone*. Cette rivière arrive lentement sur un lit égal et uni, en baignant, d'un côté, la ville de Tivoli située sur ses bords, et de l'autre, de grands ormes qui balancent sur lui leur ombrage. Il s'avance ainsi, calme, majestueux, paisible ; soudain il se brise tout entier sur des rocs ; il écume, il rejaillit, il retombe en bouillons impétueux qui se heurtent, se mêlent, qui sautent ; il remplit un moment un vaste rocher, d'où il se précipite en grondant. A plus de cent toises, la poussière de ses flots brisés arrose le voyageur curieux : elle forme à cette distance une pluie continuelle.

Une montagne de roche, qu'on nomme *la Grotte de Neptune*, s'avance sur un abîme épouvantable, se creuse, se voûte, et se soutient hardiment sur deux énormes arcades. A travers ces arcades, à travers plusieurs arcs-en-ciel qui les cintrent en se croisant, à travers les plantes et les mousses qui des hauteurs pendent en festons, on aperçoit ces flots furieux qui tombent sur des pointes de rochers, où ils se brisent encore, sautent de l'un à l'autre, se combattent, plongent, et disparaissent enfin dans l'abîme.

Ces flots, cette hauteur, cet abîme, ce fracas, ces rocs pendans en précipice, les uns noircis par les siècles, d'autres verdis par de longues mousses; ceux-là hérissés de ronces et de plantes sauvages de toute espèce; ces rayons égarés du soleil, qui se brisent, qui se jouent sur le roc, dans les eaux, parmi les fleurs ; ces oiseaux que le bruit et le vent des ondes effraient et repoussent, dont on ne peut entendre la voix : tout cela émeut, trouble, enchante.

Non loin de là , les ondes, en se divisant et en sautant sur plusieurs rochers, forment plusieurs autres petites cascades , qu'on nomme *les cascatelles.* Le bruit continuel qui en résulte , joint à la fraîcheur qui s'en exhale et aux sites singulièrement pittoresques, produisent dans l'âme des spectateurs mille sentimens divers et tous agréables.

ÉMILE.

Il serait bien intéressant de connaître par soi-même ces monumens curieux de la nature; mais lorsque cela n'est pas possible, il est du moins bien agréable de pouvoir s'en former une idée par le récit des voyageurs.

M. VALMONT.

Oui, mes enfans, rien de plus curieux à lire que les voyages; ils ont souvent tout l'intérêt des fictions romanesques, sans en avoir la futilité : dans un hiver, sans quitter le coin de son feu, on peut avec ces livres faire le tour du monde.

Mme VALMONT.

Il y a dans la province où je suis née, dans le Languedoc, aux environs de Bar-jac, une cataracte d'un autre genre; on l'appelle *le gouffre de la Goule*. Au milieu du plateau que forme une montagne, et dans le vallon appelé *l'enfoncement de la Goule*, on voit un bassin creusé dans la roche vive, coupé à pic ou en pente rapide, depuis les lieux les plus élevés des montagnes environnantes jusqu'au fond du bassin. Ces montagnes ont huit lieues de tour en parcourant leurs sommets, d'où partent les eaux qui vont se jeter dans le gouffre. Ces eaux, ramassées vers le gouffre dans une espèce de réservoir creusé par leur chute, tombent en forme de cataracte dans le précipice, qui est de figure ovale. Une cataracte souterraine succède à la première, et une troisième à la seconde, jusqu'à ce qu'on perde les eaux de vue. On n'entend plus alors dans ces concavités qu'un bruit sourd, qui annonce des cataractes plus profondes encore.

M. VALMONT.

Le Languedoc a encore d'autres curiosités naturelles dont je vous ferai une ample description : pour l'instant, passons aux *cataractes du Nil*. Ce fleuve a trois chutes, qu'on appelle aussi *catadupes*. Je ne vous parlerai que de celle qui est au-dessus du lac Dambea. Là, le Nil tombe dans un profond abîme, d'une hauteur d'environ cent cinquante pieds : le bruit qu'il fait en se précipitant impétueusement de si haut, est entendu de trois lieues de là. Cette immense nappe d'eau, par un élan prodigieux, s'arrondit en demi-cintre, et forme une arcade sous laquelle elle laisse un grand chemin où l'on peut passer sans être mouillé, et où il y a des siéges taillés dans le roc, pour reposer les voyageurs.

CÉLESTE.

Cela est plus curieux encore que la charpente de Lauffen.

M. VALMONT.

Des gens du pays donnent ici aux voyageurs un spectacle plus effrayant encore que divertissant. Ils se mettent deux dans une petite barque, l'un pour la conduire, l'autre pour vider l'eau qui y entre. Après avoir long-tems essuyé la violence des flots agités, en conduisant toujours avec adresse leur petite barque, ils se laissent entraîner par l'impétuosité du torrent, qui les pousse comme un trait du haut de la cataracte. Le spectateur tremblant croit qu'ils vont être abîmés dans le précipice où ils se jettent; mais le Nil, rendu à son cours naturel, les remonte sur ses eaux tranquilles et paisibles.

Le *Tigre*, fleuve de la Turquie d'Asie, dans une partie de son cours, est d'une rapidité extrême, et forme aussi des cascades. Les mariniers font une espèce de radeau avec des branches d'arbres; ils y placent des outres pleines de vent, bien serrées les unes contre les autres, et qu'ils couvrent de feutre; après y avoir attaché leurs marchandises, ils s'abandonnent dans leur nacelles, et se laissent tomber du haut des cascades aussi légèrement que les Égyptiens qui descendent les cataractes du Nil.

Mais toutes ces cataractes n'approchent pas de la magnifique chute appelée le *saut du Niagara*, sur les limites qui séparent les États-Unis d'Amérique du Haut-Canada. Cette chute est d'un effet prodigieux, tel qu'on n'en voit point de semblable dans tout l'univers. Ce n'est pas de l'agréable, ni du sauvage, ni du romantique, ni du beau même, qu'il faut y aller chercher; c'est du surprenant, du merveilleux, de ce sublime qui saisit à la fois toutes les facultés, qui s'en empare d'autant plus profondément qu'on le contemple davantage, et qui laisse toujours celui qui en est saisi dans l'impuissance d'exprimer ce qu'il éprouve.

La rapidité du courant commence à se faire sentir plusieurs milles avant le lieu même de sa chute : il faut ne pas quitter le bord du fleuve; on serait, sans cette précaution, promptement conduit dans les courans, qui entraînent irrésistiblement dans le gouffre tout ce qui les approche. A quelque distance, le fleuve, large de trois milles (une lieue environ), se resserre promptement ; la rapidité de son cours, déjà considérable, redouble encore et par la grande inclinaison du terrain sur lequel il coule, et par le rétrécissement de son lit. Bientôt la nature de ce lit change ; c'est un fond de roc, dont les débris amoncelés ne présentent des obstacles à ces eaux impétueuses que pour en augmenter la violence. Une chaîne de rocs très blancs s'élève ici aux deux côtés du fleuve : ce sont les monts Alleghanys. Alors le Niagara se divise : une branche suit sur la droite le bord de ces rochers ; l'autre, séparée de la première par une petite île, se jette brusquement sur la gauche, s'y fait, au milieu des pierres, une espèce de bassin, qu'elle remplit de ses tourbillons, de son écume et

de son bruit; enfin, arrêtée par les nouveaux rochers qu'elle trouve à sa gauche,
elle change son cours plus brusquement
encore, à angle droit, pour se précipiter,
en même tems que la branche droite, de
cent soixante pieds de hauteur par-dessus
une table de rochers presque demi-circu-
laire, aplanie sans doute par la violence de
cette immense masse d'eau qui roule depuis la naissance du monde. Là, elle tombe
en formant une nappe presque égale dans
toute son étendue, et dont l'uniformité
n'est interrompue que par l'île qui, sépa-
rant les deux branches, reste inébranlable
sur son roc, et comme suspendue entre
ces deux terrens.

Précipité sur des monceaux de rochers,
ce fleuve, qui s'est élancé avec une impé-
tueuse majesté, ne présente plus que des
flots mugissans; ces flots se choquent, se
repoussent, se brisent; resserrés entre deux
haies de rocs hérissés, l'espace semble trop

étroit pour cette lutte, tandis que des flots nouveaux tombent avec la même impétuosité sur ceux qui déjà s'entre-heurtent, et, dans cet épouvantable chaos, roulans, bouillonnans, repoussés, soulevés l'un par l'autre, déchirés par les flancs des rochers, ils produisent un bruit immense qui remplit l'air et ne lui permet pas de former d'autre bruit.

Après s'être précipitée sur les rocs, une partie des eaux s'élève en une vapeur épaisse qui surpasse souvent de beaucoup la hauteur de leur chute, et se mêle alors avec les nuages. Lorsque les rayons du soleil frappent sur cette cataracte, ils en font une décoration magique, éblouissante.

ÉMILE.

Cette chute d'eau doit menacer d'anéantir l'être qui oserait s'en approcher?

M. VALMONT.

Il est vrai qu'on est accablé sous le choc

des sensations qu'imprime nécessairement à l'âme cette imposante et terrible scène; cependant écoutez ce que dit un voyageur (M. de La Rochefoucauld-Liancourt): « J'ai descendu jusqu'au bas de cette chute; les abords en sont difficiles : des descentes à pic, des échelles pratiquées dans les arbres, des pierres roulantes, des rocs menaçans, et qui, par les débris qui couvrent la terre, avertissent les voyageurs du danger auquel ils s'exposent; aucun appui pour se retenir que des arbres morts, près de rester dans la main de l'imprudent qui oserait y prendre confiance, tout y semble fait pour inspirer l'effroi. Mais la curiosité a sa folie comme toutes les autres passions, et elle en est une véritable; ce qu'elle me faisait faire dans ce moment, la certitude d'une grande fortune, je crois, n'eût pu m'y déterminer. Enfin, me traînant souvent sur les mains, d'autres fois, trouvant dans mon ardeur une adresse que j'étais

loin de me soupçonner, souvent m'abandonnant au hasard, je suis parvenu, après
un mille et demi de marche, dans le plus
pénible travail, sur ces bords difficiles, au
pied de cette immense cataracte; l'amour-
propre de l'avoir atteint y compense seul
la peine des efforts que le succès a coûtés :
il est plus d'une situation pareille dans la
vie.

« Là, on se trouve dans un tourbillon
d'eau dont on est percé. Les vapeurs qui
s'élèvent de la chute se confondent avec
les flots qui en tombent ; le bassin est caché par cet épais nuage ; le bruit seul,
plus violent que partout ailleurs, est une
jouissance particulière à cette place. On
peut avancer quelques pas sur les rocs
entre l'eau qui tombe et le pied du rocher
d'où elle se précipite ; mais on est alors
séparé du monde entier, même du spectacle de cette chute, par cette muraille
d'eau, qui, par son mouvement et son

épaisseur, intercepte tellement la communication de l'air extérieur, qu'on serait entièrement suffoqué si l'on y restait long-tems.

» Il est impossible de rendre l'effet que cette cataracte nous a fait éprouver; notre imagination, long-tems nourrie de l'espérance de la voir, nous en traçait des peintures qui nous semblaient exagérées; elles étaient au-dessous de la réalité : chercher à décrire ce beau phénomène et l'impression qu'il cause, ce serait tenter au-dessus du possible.... (1) »

Vous voyez, poursuivit M. Valmont, que toutes les cascades artificielles, construites avec tant d'art et à si grands frais, n'approchent point de ces grandes cataractes, et ne peuvent entrer avec elles en

____

(1) En France, le *saut de la Saule*, cascade formée par la rivière de Rue, auprès du hameau de Saint-Thomas, dans les montagnes d'Auvergne, offre en petit le tableau du saut du Niagara : la chute d'eau est ici de vingt à trente pieds.

comparaison. De même ce fameux jet, que l'on admire à juste titre, n'est rien, et serait oublié à côté du jet bouillant connu sous le nom de *Geyser*. Cette source étonnante se trouve en Islande : l'eau y jaillit d'un rocher à certaines heures du jour, mais par secousses et par intervalles. Les élancemens s'annoncent par un bruit sourd, semblable à des coups de canon qu'on entendrait de loin ; ces coups se succèdent et augmentent comme si le canon s'approchait. Lorsque le jet va s'élancer, le terrain s'ébranle autour de la source, on croirait qu'il va se soulever et crever. Vis-à-vis du Geyser est une montagne qui a plus de quatre cents pieds d'élévation ; les habitans prétendent avoir souvent vu le jet d'eau s'élever aussi haut que la cime de cette montagne.

CÉLESTE.

En effet, ce jet est merveilleux ! Et ses eaux sont réellement bouillantes ?

M. VALMONT.

Vous allez en juger. Quand les élance-mens les soulèvent et les font déborder de tous les côtés du bassin, elles tombent dans un petit vallon, et forment un ruisseau : eh bien ! à une assez grande distance du Geyser, ce ruisseau conserve encore un tel degré de chaleur, que les pieds des bestiaux qui le traversent en sont souvent brûlés. Les sources d'eaux bouillantes sont très nombreuses dans l'Islande ; les habitans les font servir assez ordinairement à cuire leurs alimens, herbages, poissons ou viande : il suffit de suspendre, au-dessus de l'ouverture de la source, le pot ou la marmite, pour que ce qui y est contenu soit cuit en peu de tems. Cette île, presqu'en général repose sur un vaste foyer de feux souterrains.

ÉMILE.

Cela est bien commode ; on n'a pas be-

soin de faire une grande provision de bois
dans ce pays?

M. VALMONT.

Vous imaginez peut-être qu'il y fait
chaud? Au contraire, son nom même si-
gnifie *pays des glaces :* il en arrive tous les
ans du Groënland des masses énormes.
Quelques-uns de ces blocs ressemblent à
des montagnes, ils ont quelquefois jusqu'à
cinquante pieds de hauteur hors de l'eau.
Ces blocs horribles de glace s'arrêtent
souvent dans les bas-fonds; ils restent alors
durant un grand nombre d'années sans se
dissoudre, et répandent un froid très vif
dans l'atmosphère à quelques lieues à la
ronde. En 1553 et 1754, ces glaces pro-
duisirent un froid si violent, que les brebis
et les chevaux tombaient morts. Les Islan-
dais, simples et crédules, ayant aperçu des
flammes à travers ces glaces, s'imaginèrent
que par un prodige elles s'étaient embrâsées.

CÉLESTE.

Qu'est-ce que cela pouvait-être?

M. VALMONT.

C'était bien du feu, et il s'en allume naturellement au milieu de ces glaces; voici
comment : il arrive quelquefois que lorsqu'un grand nombre de ces masses flottent
ensemble, les bois qu'elles entraînent ordinairement sont froissés avec tant de violence qu'ils s'enflamment; c'est ce qui a
donné lieu à des contes ridicules de glaces
enflammées. On ne saurait faire de provisions de bois dans ce pays, car on n'en
trouve qu'autant que les naufrages en en-
voient sur les côtes.

ÉMILE.

Bon Dieu! avec quoi donc se chauffe-
t-on ?

M. VALMONT.

On se sert de tourbe, de fiente desséchée et d'os de poissons. C'est une terre en général fort pauvre.

Dans diverses contrées de la France, on trouve des sources d'eaux aussi chaudes que celle de Geyser; je vous citerai entre autres une fontaine qui se trouve au milieu de la ville de Dax : son eau est tellement brûlante, qu'à dix pas de la source on peut à peine y tenir la main. Les eaux minérales d'Aix-la-Chapelle sont aussi de nature à faire durcir un œuf en cinq minutes.

Ici M. Valmont interrompit cet entretien pour continuer sa promenade avec ses enfans dans toutes les parties du parc. Ensuite on dîna, et l'après-midi on s'en revint par la galiote. La petite famille, placée sur le pont, contemplait le cours de la Seine et toutes ces îles pittoresques qui embellissent cette partie des environs de la capitale.

M. Valmont reprit son manuscrit. Nous

allons, dit-il, parcourir les choses les plus curieuses qui nous restent à voir sur l'élément qui nous fait voyager en ce moment. Lorsqu'on porte un œil observateur et religieux sur tout ce qui nous environne ici-bas, on trouve dans tout un sujet d'admiration et de reconnaissance pour la grandeur et les bienfaits de Dieu. Écoutez comment s'exprime un digne prélat, l'illustre Fénélon :

« L'eau désaltère non seulement les hommes, mais encore les campagnes arides, et celui qui nous a donné ce corps fluide, l'a distribué avec soin sur la terre, comme les canaux d'un jardin. Les eaux tombent des hautes montagnes, où leurs réservoirs sont placés : elles s'assemblent en gros ruisseaux dans les vallées. Les rivières serpentent dans les vastes campagnes pour mieux les arroser; elles vont enfin se précipiter dans la mer, pour en faire le centre du commerce à toutes les nations.

Cet Océan, qui semble être placé au milieu des terres pour en faire une éternelle séparation, est au contraire le rendez-vous de tous les peuples, qui ne pourraient aller par terre, d'un bout du monde à l'autre, qu'avec des fatigues, des longueurs et des dangers incroyables. C'est par ce chemin sans trace, au travers des abîmes, que l'ancien monde donne la main au nouveau, et que le nouveau prête à l'ancien tant de commodités et de richesses. Les eaux, distribuées avec tant d'art, font une circulation dans la terre, comme le sang circule dans le corps humain. »

CÉLESTE.

Comment ! les montagnes qui nous paraissent des lieux si secs, sont les réservoirs des eaux ?

M. VALMONT.

Oui, ma fille, ces masses superbes que

les ignorans regardent comme des excrescences inutiles et difformes d'un globe mal arrangé, sont au contraire, des instrumens admirables, construits et ordonnés par le Créateur, pour servir en quelque sorte, d'alambics pour distiller l'eau douce qui nous est nécessaire. Leur élévation était essentielle pour faire descendre et couler leurs sources par une chute modérée, comme par autant de veines, pour le bien et l'avantage du genre humain. Nous parlerons de cela un de ces jours. Pour l'instant, je vais vous faire connaître quelques lacs curieux, quelques sources ou fontaines remarquables, quelques îles extraordinaires ; celles, entre autres, formées par le feu.

ÉMILE.

Quoi! le feu a pu agir au sein des eaux?

M. VALMONT.

Et même avec une force étonnante,

parce que sous l'eau il existe des foyers volcaniques. Mais suivons l'ordre de notre manuscrit. Il est question d'abord d'un petit
lac qui se trouve sur le sommet d'une montagne d'Irlande, et que, vu sa situation et
sa forme ronde, on appelle *le Bol à punch
du diable*. Entre les bords du bol et la surface de l'eau, la distance est d'environ neuf
cents pieds. L'eau est très profonde, quoiqu'elle ne soit pas sans fond, comme le
prétendent les habitans des environs. Le
superflu des eaux de ce lac s'écoule par
une ouverture, et forme une très belle
cascade qui a quatre cent cinquante pieds
de long.

En France, près de Mézières, au sommet d'une haute montagne, il y a un lac
à peu près semblable dont les eaux se soutiennent à la même hauteur et ne s'épan-
chent jamais. La profondeur en est inconnue, une sonde de trois cents pieds n'en
a pu trouver le fond ; on a seulement re-

connu que l'intérieur était un cône renversé, et allait toujours en diminuant ; il est probable que c'est le cratère de quelque volcan éteint ; et l'on explique le séjour des eaux dans ce lac, en supposant qu'il communique par des conduits souterrains avec un grand amas d'eau situé dans une autre montagne, et qu'il se fait un nivellement dans leurs eaux.

Parmi les lacs, il faut remarquer le *lac Asphaltite*, en Judée, que l'on nomme aussi *mer Morte*; il ne contient rien de vivant, ni même de végétant. Diodore de Sicile assure qu'il a soixante-douze milles de long et sept à huit de large (environ vingt-cinq lieues sur trois), ses bords sont sans verdure comme ses eaux sans poisson; ses eaux sont plus salées que celles de la mer. On trouve aux environs une quantité de mines de sel gemme. Ce lac attire une foule de pélerins et de curieux, parce qu'on y voit d'espace en espace des blocs informes que des yeux prévenus prennent pour des statues mutilées, et que les indigènes prétendent être des monumens de l'aventure de la femme de Loth. Les sources d'eaux chaudes qui se trouvent auprès attestent que les feux souterrains qui ont formé ce lac ont continué de brûler jusqu'à ce jour. Pline dit qu'aucun corps vivant ne peut aller au fond de ce lac. Vespasien voulant en faire l'expérience, fit jeter dedans plusieurs personnes qui ne savaient pas nager et ayant les mains liées derrière le dos; pas une n'alla au fond. Le voyageur Prockoke en fit l'essai lui-même; ne pouvant pas croire à la faculté extraordinaire de l'eau de ce lac, il se détermina à y entrer, et il y resta près d'un quart d'heure. « Je flottais dessus, dit-il, dans telle posture qu'il me plaisait, sans jamais m'enfoncer. Ayant voulu une fois plonger, mes jambes restèrent en l'air, et j'eus toutes les peines du monde à me remettre dans une situation plus commode. »

A une demi-lieue de Tivoli, il y a un petit lac, d'environ cinq cents pas de tour, qui exhale une si forte odeur de soufre, qu'il infecte l'air aux environs : on l'a nommé la *solfatare*. Sur ce lac, il y a plusieurs îles flottantes ; elles sont à fleur d'eau, toutes couvertes de roseaux ; elles ont de la solidité et de l'épaisseur : la plus grande a environ vingt-cinq pas de long sur quinze de large. Le peuple de Tivoli appelle ces îles des *barquettes*, parce qu'elles se peuvent gouverner comme des barques. Ce lac étant produit par des sources d'eau soufrée, les bouillons qu'on y remarque élèvent du limon raréfié par le soufre ; en surnageant, ce limon se sera attaché aux joncs et aux herbages qui croissent dans ce lac, et peu à peu s'y sera grossi au point de former ces îles.

CÉLESTE.

Je me souviens d'avoir lu que Tarquin s'était emparé d'un champ consacré à Mars; quand on le chassa de Rome, les blés de ce champ venaient d'être coupés, et les gerbes y étaient encore; on ne crut pas qu'il fût permis d'en profiter, à cause de la consécration; en conséquence, on prit les gerbes et on les jeta dans le Tibre, avec tous les arbres que l'on coupa. Les eaux étaient alors fort basses; ces matières, réunies, furent arrêtées au milieu du fleuve, ne trouvant point de passage, elles s'accrochèrent et se lièrent si bien entre elles, qu'elles ne firent plus qu'un même corps qui prit racine, et qui forma, avec le tems, une île qu'on appela *l'île Sacrée*, et dans laquelle on bâtit des portiques et des temples.

M. VALMONT.

Bien, ma fille, je suis content de voir

que tu mets à profit tes lectures. Le lac de Laumond, le plus grand de ceux de l'É-cosse, est semé d'îles, dont quelques-unes sont flottantes, quoiqu'elles soutiennent des forêts remplies de bêtes fauves; d'autres, aussi flottantes, contiennent des châteaux, de beaux jardins et de grands pâturages. Non loin d'ici, entre la ville de Saint-Omer et Clairmarais, il y a de ces îles flottantes. Ce nom de *Clairmarais* indique que les marécages de la plaine ne sont pas aussi fangeux que les marais ordinaires. Il y flotte vingt petites îles que l'on conduit d'une rive à l'autre, de la même manière que l'on dirige un bateau; la plus grande a douze pieds de diamètre; la plus petite, quatre ou cinq pieds : elles ont environ trois pieds d'épaisseur. Il y a sur ces îles des arbustes et des saules que les habitans ont soin d'entretenir. Ces îles flottantes consistent en une terre spongieuse que soutiennent les racines des saules et autres végétaux qui y croissent. Les habitans ont soin d'y remettre continuellement de la terre, parce que cette singularité ne laisse pas d'attirer des curieux. Louis XIV. dans un de ses voyages, eut la curiosité de monter sur la plus grande.

Un auteur ancien (1) assure avoir vu en Lydie les îles Calamines se mouvoir, tourner sur elles-mêmes, regagner le rivage, sans autre secours que la musique, c'est-à-dire, au moyen de la vibration que les musiciens imprimaient au sol avec le pied en battant la mesure.

Près de Gap, sur le lac Pelleautier, il y a une masse de tourbe mobile qu'on appelle *la Motte tremblante*, qu'on dirige également à droite et à gauche.

CÉLESTE.

A l'exemple de Louis XIV. j'aurais été curieuse de me promener sur ces îles.

---

(1) Varron, cité par Pline.

ÉMILE.

J'ai entendu raconter quelque chose de merveilleux d'une fontaine ; ses eaux, dit-on, semblent pétrifier les objets qu'on leur confie. Par exemple, si l'on y dépose une grappe de raisin, quelque tems après on en retire une belle grappe en pierre.

M. VALMONT.

Oui, plusieurs sources ont cette propriété-là, parce que leurs eaux contiennent un sédiment qui s'attache et se moule sur les objets qu'elles rencontrent dans leur cours. En plaçant des médailles sous un filet d'eau de la source d'Arcueil, on en obtient des empreintes au bout d'un espace de tems plus ou moins considérable.

Les eaux de la fontaine de Saint-Allire, à Clermont, département du Puy-de-Dôme, ont produit une merveille bien plus extraordinaire ; elles ont élevé un massif de pierre d'un seul bloc, de deux cent quarante pieds de longueur. Ce *pont naturel* a dans une de ses parties jusqu'à douze pieds de largeur. Il ne doit absolument sa formation qu'aux sédimens que les eaux de cette source déposent continuellement.

En Amérique, le *pont naturel* de la Caroline du Nord est un des plus beaux monumens de la nature en ce genre ; c'est un rocher au fond d'un abîme, qui joint les parois de deux montagnes. Un ruisseau, par un travail de plusieurs siècles, a percé sa masse épaisse de quarante pieds environ, et coule aujourd'hui sous une voûte qui a cent cinquante pieds d'ouverture et deux cents pieds d'élévation.

Parmi les autres sources ou fontaines qui présentent quelques singularités, on en remarque une dans l'île de Zante, dont on tire tous les ans cent barils de poix noire. A trois ou quatre lieues de Bakou, ville du Shirvan, dans *le nord de la Perse*, on trouve plusieurs sources de naphte, espèce d'huile bitumineuse qu'on brûle dans les lampes.

Le gaz qui nous éclaire maintenant à Paris dans mille endroits divers, parce qu'il est amené dans ces endroits des grands réservoirs où il se trouve élaboré par le travail des hommes ; le gaz, dis-je, existe naturellement auprès de cette ville de Bakou, dans un terrain de plusieurs milles d'étendue. Les individus qui habitent sur ce terrain n'ont qu'à enfoncer à deux pouces en terre un tube quelconque, pour avoir aussitôt de la lumière, en présentant du feu à l'extrémité de ce tube où la vapeur s'enflamme et brûle sans s'éteindre comme nous le voyons ici de tous côtés ; de sorte que ces gens profitent de cette propriété du terrain, non seulement pour s'éclairer commodément et sans frais, mais encore pour faire cuire leurs alimens.

A Acqs, près de Foix, il y a une fon-

taine dont l'eau savonneuse sert à dégrais-
ser et à blanchir les étoffes. Dans le comté
de Waterford, en Irlande, on trouve une
fontaine beaucoup plus merveilleuse; elle
fait blanchir sur-le-champ la barbe et les
cheveux à ceux qui les lavent avec son eau.
On trouve des sources qui ont un petit
goût vineux; on en voit aussi qui s'enflamment comme de l'esprit-de-vin (1).

ÉMILE.

Quoi! l'eau peut même prendre feu?

M. VALMONT.

Oui; parce que dans ces sortes de sources, il s'y mêle des matières bitumineuses,
sulfureuses, ou des vapeurs inflammables.
Écoutez cette relation curieuse de la *fon-*

______

(1) Journal des Savans, 1684. Rapport de Cassini à l'A-
cadémie des Sciences de Paris, 1687.

taine de Boseley , dans la province de Shrops, en Angleterre :

Au milieu d'un profond sommeil, les habitans du canton furent réveillés par un bruit terrible, et tel qu'on n'en avait jamais entendu de semblable : la terre parut si agitée, qu'on crut toucher au moment de la destruction générale. Tout le monde en un instant fut sur pied ; ceux qui eurent assez de courage ou de sang froid pour se hasarder à considérer la cause d'un pareil bouleversement, sortirent de leurs maisons et se réunirent pour aller vers l'endroit d'où le bruit paraissait venir. De plus de deux cents personnes qui s'étaient rassemblées, il n'y en eut que sept ou huit qui osèrent s'approcher d'une petite montagne éloignée d'environ cent pas de la rivière de Severne, et au pied de laquelle était une fonderie. Elle s'aperçurent bientôt que tout le bruit venait de là : toute la surface de la terre y était en effet dans une agitation violente ;

elle s'élevait et s'affaissait plusieurs fois dans l'espace d'une minute. Un homme de la compagnie, plus hardi que les autres, prit un couteau, avec lequel il fit en terre un trou de quelques pouces de diamètre; aussitôt il sortit de terre, avec impétuosité, une eau jaillissante, qui s'éleva jusqu'à six ou sept pieds : l'éruption en fut si violente, que cet homme en fut renversé. Un moment après, le même homme ayant passé près de la source avec une lumière, l'eau prit feu et jeta des flammes. Lorsqu'on eut réitéré plusieurs fois la même expérience, le propriétaire du terrain, voulant conserver une singularité si curieuse, fit faire une citerne et la fit couvrir, en y laissant néanmoins une ouverture pour satisfaire la curiosité du public. Dès qu'on approche une lumière du trou fait au couvercle de cette citerne, l'eau prend feu et brûle comme de l'esprit-de-vin, aussi long-tems qu'on empêche l'air extérieur d'exercer

sa force; mais aussitôt que le couvercle est
levé, les flammes disparaissent. La chaleur
de ce feu est telle, que si l'on met au trou du
couvercle de la viande dans un pot plein
d'eau, elle est cuite aussi promptement
qu'elle pourrait l'être au plus ardent foyer.
Ce même feu réduit en cendres de gros
morceaux de bois vert. Ce qui cause le
plus de surprise, c'est que, malgré sa violence, l'eau n'a pas le moindre degré de
chaleur, et est aussi froide que celle des
autres fontaines. Ainsi le feu n'y réside pas;
ce ne peut être qu'une vapeur inflammable qui a percé la terre en même tems que
l'eau, qui pénètre même la source, et qui
enfin s'y enflamme et brûle comme la
naphte brûle dans l'eau (1).

CÉLESTE.

Cet effet est bien étonnant; il dut pa-

______

(1) Sigaud de Lafond.

raître miraculeux à ceux qui n'en connais-
saient point les causes physiques.

M. VALMONT.

C'est pourquoi les anciens, bien moins
instruits que nous en physique, considé-
raient comme des prodiges surnaturels ce
qu'aujourd'hui nous admirons seulement
comme des phénomènes de la nature. J'ai
vu, près de la petite ville de Colmar, en
Provence, une fontaine qui est remarquable par ses intermittences. Quand elle est
prête à couler, un léger murmure annonce
son arrivée. Elle croît ensuite pendant
une demi-minute; alors elle jette de l'eau
de la grosseur du bras, puis elle décroît
pendant cinq à six minutes, et s'arrête un
moment pour reprendre de nouveau son
écoulement; en sorte qu'elle coule et
qu'elle s'arrête environ huit fois dans une
heure. La petite rivière d'Hierre, située à
quatre lieues de Paris, est remarquable

par quelques singularités, ne gèle jamais, et ne déborde que très rarement. Dans le quatorzième siècle, elle fut quelquefois plusieurs années sans couler; ensuite on la voyait reprendre son cours pendant quelques mois : elle est encore fort irrégulière.

Près de Vesoul, il y a une source qu'on appelle le *Frès-Puits*. C'est un trou large de quatorze toises, dont la profondeur est de vingt; il va en diminuant, comme un entonnoir, jusqu'à la largeur de deux toises : il n'y a qu'une fente par où l'eau s'écoule et produit une fontaine. Mais après les grandes pluies, l'eau monte quelquefois jusqu'à l'orifice extérieur, et se dégorge en si grande abondance, que la campagne en est inondée : cette inondation, qui cause ordinairement beaucoup de dommage aux terres, occasiona plusieurs fois la délivrance de Vesoul assiégée. Une fois entre autres, des soldats allemands mutinés marchaient contre cette ville, se disposant à la saccager : ils avaient de l'artillerie et des échelles toutes prêtes. Le *Frès-Puits* inonda tout-à-coup la campagne, quoique la pluie n'eût duré que vingt-quatre heures. Les assiégeans crurent que les habitans avaient quelques cataractes en leur pouvoir; ils s'enfuirent tous, et pour échapper plus vite à l'inondation, abandonnèrent armes et bagages.

Mais c'est assez nous entretenir de ces effets singuliers de la nature; je n'ai entrepris de vous parler que des beautés du premier ordre.

La plus remarquable comme la plus célèbre des fontaines, est celle de Vaucluse, à quatre lieues d'Avignon. C'est un énorme massif de rochers, d'une hauteur prodigieuse. Dans les vastes flancs de ces rochers coulent les divers ruisseaux dont s'alimente la source. Pour parvenir au rocher d'où jaillit la fontaine, il faut m

par un chemin étroit et pierreux. Bientôt
on aperçoit un antre assez profond, et que
son obscurité rend effrayant à la vue. Si l'eau
est basse, on peut y entrer; alors on y voit
deux grandes cavernes, dont la première a
plus de soixante pieds de haut sous l'arc
qui en forme l'entrée; l'autre, qui semble
avoir cent pieds de large et presque autant
de profondeur, n'a qu'environ vingt pieds
d'élévation. C'est vers le milieu de cet antre,
que s'élève sans jets et sans bouillons, dans
un bassin ovale d'environ dix-huit toises de
diamètre, la source abondante qui donne
naissance à la rivière de Sorgue. L'on
assure qu'on n'a pu trouver le fond de ce
bassin, quoique l'on y ait plusieurs fois
jeté la sonde. Les eaux de la fontaine de
Vaucluse ne sont pas moins limpides que
le cristal le plus pur; cependant l'ombre
du rocher y répand une teinte noirâtre.

Dans son état ordinaire, l'eau de cette
source s'échappe par des conduits souter-

rains, et arrive tranquillement jusqu'à son lit; mais, après de grandes pluies, elle s'élève au-dessus d'une espèce de môle placé devant l'antre, y forme un bassin dont la surface est unie comme une glace; ensuite elle se précipite avec grand bruit à travers les débris de rochers, les blanchit de son écume; enfin, ayant heurté les nombreux obstacles qui arrêtent son impétuosité, elle va couler paisiblement non loin de là dans un lit commode.

Pétrarque avait son habitation près de la Sorgue; il aimait la belle Laure, et l'a immortalisée dans ses vers. Le souvenir de ces amans célèbres a illustré ces lieux.

Je ne puis mieux vous donner une idée des sensations que fait éprouver ce beau monument de la nature, qu'en vous rapportant cette lettre d'un auteur justement estimé : « Mes premiers empressemens, dit-il, ont été pour la fontaine de Vaucluse : j'ai été la voir hier. Je ne sais pourquoi je dis hier, car il me semble que je la vois encore aujourd'hui.

» Je crois voir encore aujourd'hui s'échapper du milieu d'une chaîne de montagnes, comme du fond d'un vaste entonnoir, une rivière qui monte, s'élève, et tout-à-coup se déborde avec une impétuosité, avec un tonnerre, avec un bouillonnement, avec une écume, avec des chutes que le pinceau du poëte ni celui du peintre ne rendront jamais : c'est la fontaine de Vaucluse. Un instant après, cette rivière se calme, comme un heureux naturel que la vivacité emporte d'abord et que soudain la bonté modère. Elle change alors ses flots d'argent en flots d'azur, et les verse, et les roule, et les abandonne sur un tapis d'émeraudes ; mais bientôt elle se divise en une multitude de petits ruisseaux, pour courir à travers un vallon charmant. En sortant du vallon, ces ruisseaux se réunissent, et partent de nouveau tous ensemble par cent routes différentes, pour aller arroser, féconder, embellir, sous le nom de la Sorgue, le délicieux comtat d'Avignon... Vaucluse offre à la fois le tableau le plus admirable et le phénomène le plus singulier.

Mais ces eaux, ce beau ciel, ce vallon enchanteur,
Moins que Pétrarque et Laure intéressaient mon cœur.

» Ce souvenir de Pétrarque et de Laure anime tout le paysage; il l'embellit, il l'enchante... Je me suis assis sur la pente d'un rocher, et là je me suis enivré, pendant une heure, du bruit de ces eaux, de la verdure de ces gazons, de l'azur de ce beau ciel et du souvenir de Laure. Là, j'ai appelé, j'ai rassemblé autour de mon cœur tous les objets qui lui sont chers; je me suis figuré tous mes enfans sautant sur ces gazons, courant sur ce rivage, et frappant à l'envi les échos et mon cœur de mille cris de bonheur et de joie (1). »

____

(1) Dupaty, *Lettres sur l'Italie.*

Émile et Céleste se jetèrent dans les bras de leur père, en l'embrassant de toute l'affection de leur âme. Ces expressions de tendresse d'un bon père avaient ému leur jeune cœur. M. Valmont, touché de cette preuve d'amour et de sensibilité, les serra affectueusement dans ses bras.

CÉLESTE.

Les poëtes, en parlant de quelques fleuves, comme du Pactole, disent qu'ils roulent l'or dans leurs eaux; cela est-il vrai ?

M. VALMONT.

Les poëtes ont grossi les objets, en répandant l'or dans les eaux de ces rivières un peu plus libéralement que ne l'a fait la nature. Mais qu'il y ait eu des fleuves qui aient roulé de l'or dans le limon et avec le sable qu'ils jetaient sur leurs bords, c'est un fait attesté par le commerce qui se fait encore aujourd'hui de la poudre d'or que certaines rivières charient : c'est la rivière des peuples qui habitent la Côte-d'Or en Guinée. La rivière d'Axem et plusieurs ruisseaux qui se déchargent dans le Zaire, plusieurs rivières des vastes pays de Sophala, de Monomotapa, de Zanguebar et d'Abyssinie, entraînent plus ou moins de sable d'or, selon la quantité des pluies qui pénètrent la terre, et qui traversent les mines avant que d'arriver dans le lit des rivières. Ce privilége de rouler l'or n'a pas été accordé aux rivières d'Afrique, ni à celles du Brésil ou du Chili, par exclusion pour toutes les autres. Nous en avons plusieurs en France, sur les bords desquelles on amasse quelquefois ce sable précieux. L'Ariége, du côté de Pamiers et de Mirepoix, étale de tems en tems le long de son cours, des paillettes d'or. On en trouve le long du Gardon et de la Cèse, petites rivières qui descendent des montagnes des Cévennes. Les hommes qui se livrent à cette recherche choisissent le tems de l'abaissement des eaux, après les crues ou les débordemens.

ÉMILE.

Je voudrais bien demeurer auprès d'une rivière qui charie ainsi de l'or, j'amasserais de grandes richesses.

M. VALMONT.

Détrompe-toi, mon ami; l'or ne s'y trouve pas à pleines mains; il faut beaucoup de peines et de soins pour en trouver une très petite portion; si quelques journées valent dix francs de profit à un travailleur qui cherche sur l'Ariége ou sur la Cèze, il y en a davantage où il est fort heureux de gagner trente à quarante sous; il en est même où ayant cherché inutilement, il ne gagne rien du tout.

Quelques rivières roulent aussi des pierreries, dont les unes sont veinées comme des agates, d'autres sont d'un vert d'émeraude, d'autres transparentes comme le cristal : on en fait divers bijoux. La rivière qui découle des montagnes du milieu de l'île de Ceylan, apporte de tems en tems dans la plaine, des rubis et d'autres pierres plus nettes et plus belles que celles qu'on trouve dans les mines de Pégu.

CÉLESTE.

Les perles ne se trouvent-elles pas aussi dans la mer?

M. VALMONT.

Oui, elles se forment dans des huîtres d'une espèce particulière, qu'on trouve dans la mer des Indes orientales, et qu'on pêche en abondance au cap Comorin, et sur les bords de l'île de Ceylan. Les fleuves de la Chine en fournissent aussi, mais

elles sont moins parfaites. Cléopâtre avait
à ses oreilles deux perles les plus belles
qu'on eût jamais vues ; chacune était estimée plus d'un million. La plus belle qu'on
connaisse aujourd'hui enrichit la couronne
des rois d'Espagne ; elle fut présentée à
Philippe II, qui en fit l'acquisition.

La galiote aborda au lieu du débarque-
ment, au grand regret des enfans, toujours plus avides d'étendre leurs connaissances sur ces objets intéressans. M. Valmont leur promit de les entretenir, dans
la soirée, des principaux volcans, en com-
mençant par la description de ceux sortis
du sein même des eaux.

TROISIÈME ENTRETIEN.

VOLCANS.

———

Madame Valmont était réunie avec ses enfans, et ceux-ci attendaient avec impatience le retour de leur père, que des affaires avaient appelé hors de sa maison ; il arriva enfin ; et lorsqu'on le vit aller chercher le petit manuscrit, la joie éclata d'abord, puis on fit aussitôt un profond silence

Je vais vous parler, leur dit-il, d'un prodige des plus étonnans ; de feux renfermés dans les entrailles de la terre, et se faisant jour à travers une mer profonde. Les *îles Santorins*, dans l'archipel de la Grèce, ont vu s'opérer ce phénomène des plus intéressans. Les anciens ont écrit que

toutes ces îles sont sorties du sein de la
mer : ce qui s'est passé à différentes époques dans ces parages invite à adopter cette
opinion. On y a vu successivement, par
l'effet des feux souterrains, des îles nouvelles paraître, couper, séparer les anciennes, les avoisiner ou s'y joindre : de violentes commotions les arrachaient du sein
de la mer pour les placer à la surface des
eaux; d'autres révolutions les engloutis-
saient et les faisaient disparaître entièrement. L'éruption dont nous connaissons
mieux les effets, est celle qui effraya les
habitans de ces îles en 1707. Le 23 mars
de cette année, on aperçut de toute la
côte de Santorin le commencement de l'île
nouvelle. Ceux qui furent les premiers à
l'apercevoir, la prirent d'abord pour les
débris d'un naufrage dont ils voulurent
profiter; mais quel fut leur étonnement
en trouvant une masse de rochers qui sortaient du fond des eaux et s'étendaient sur

leur surface ! Ce prodige avait été précédé par un tremblement de terre, et ce fut même le seul pronostic effrayant qui l'annonça. Il répandit parmi les habitans un effroi que justifiait la tradition constante de tous les désastres antérieurs.

La crainte céda bientôt à la curiosité : quelques Grecs eurent la hardiesse de débarquer sur cette terre nouvelle. Ils la trouvèrent couverte d'une pierre fort blanche et fort molle ; mais, ce qui est encore plus à remarquer, ils y trouvèrent une quantité d'huîtres fraîches, dont on ne voit presque jamais à Santorin. Ils étaient occupés à les ramasser, lorsqu'ils sentirent la terre se mouvoir, s'élever sous leurs pieds, et les porter avec elle. Effrayés, ils sautèrent dans leur bateau ; et l'on vit en très peu de jours la nouvelle île croître de vingt pieds en hauteur, et presque du double en largeur. Elle continua pendant deux mois à recevoir de nouveaux accroissemens, que souvent elle reperdait aussitôt. D'énormes rochers portés sur les eaux, se montraient, disparaissaient, et se fixaient enfin pour augmenter son volume; mais un nouveau spectacle plus curieux et plus terrible se préparait.

Au mois de juillet, on vit paraître tout-à-coup, à soixante pas de l'île blanche déjà sortie, une chaîne de rochers noirs et calcinés, qui furent bientôt suivis d'un torrent de fumée épaisse et blanchâtre. Cette fumée répandit une infection horrible; partout où elle pénétra, l'argent et le cuivre furent noircis, et les habitans éprouvèrent de violens maux de tête, accompagnés de vomissemens. Quelques jours après, les eaux voisines s'échauffèrent, devinrent bouillantes, et l'on trouva sur le rivage une grande quantité de poissons morts. Un bruit affreux se fit entendre dans les entrailles de la terre; de longs traits de flamme sortirent de la mer, et *les* rochers vomis par ce brasier s'amoncelèrent et se joignirent à la première île, qui conserva cependant encore quelque tems sa blancheur. Depuis cet instant, la bouche du volcan ne cessa de jeter des torrens de feu et de rochers enflammés; une pluie de pierre ponce couvrit la mer et toutes les îles voisines. Les habitans de Santorin cherchèrent un asile dans les antres et les cavernes.

Les éclats redoublés et les mugissemens affreux d'un tonnerre souterrain, des rochers énormes lancés jusqu'aux nues, des torrens de soufre colorant les eaux, et des fleuves de feu s'étendant sur la surface d'une mer bouillonnante, tout se réunissait pour rendre ce tableau à la fois magnifique et redoutable. Il fut presque continuel pendant le cours d'une année; enfin, les feux se calmèrent, et il ne resta plus qu'une fumée fort épaisse.

Le 15 juillet 1708, l'observateur dont

nous tirons ces détails eut assez de courage pour aller examiner le théâtre encore menaçant de tant de phénomènes.

« Nous eûmes soin, dit-il, de nous fournir d'une caïque (espèce de barque longue) bien calfatée, et dont les fentes avaient doubles étoupes enfoncées à force. Comme nous étions convenus de mettre pied à terre s'il était possible, nous fîmes tirer droit à l'île par un côté où la mer ne bouillonnait pas, mais où elle fumait beaucoup. A peine fûmes nous entrés dans cette fumée, que nous sentîmes une chaleur étouffante qui nous saisit. Nous mîmes la main dans l'eau, et nous la trouvâmes brûlante. Nous étions pourtant encore à cinq cents pas de notre terme. N'y ayant pas d'apparence de pousser plus loin de ce côté-là, nous tournâmes vers la pointe la plus éloignée de la grande bouche, et par où l'île avait toujours crû en longueur. Les feux qu'on y voyait, et la mer qui jetait de gros bouillons, nous obligèrent de prendre un long circuit; encore sentions-nous bien de la chaleur. Chemin faisant, j'eus le loisir d'observer l'espace qu'occupait la nouvelle île; elle pouvait avoir alors deux cents pieds dans sa plus grande hauteur, un mille au moins dans sa plus grande largeur, et cinq milles de tour.

» Après avoir été plus d'une heure à considérer toutes ces choses, l'envie nous prit de nous approcher de l'île, et de tenter encore une fois de mettre pied à terre par l'endroit que j'ai dit avoir été long-tems appelé *l'île Blanche*. Il y avait plusieurs mois que cet endroit ne croissait plus, et jamais on n'y avait aperçu ni feu ni fumée : nous nous rembarquâmes, et fûmes ramer de ce côté-là. Nous en étions à près de deux cents pas, lorsque mettant la main dans l'eau nous sentîmes que plus nous en approchions, plus elle devenait chaude. Nous jetâmes la sonde; toute la corde, longue de quatre - vingt - quinze brasses (1), fut employée sans qu'on trouvât de fond. Pendant que nous étions à délibérer si nous irions plus avant, la grande bouche vint à jouer avec son impétuosité et son fracas ordinaire. Pour comble de disgrâce, le vent, qui était frais, porta sur nous le nuage de cendres et de fumée qui en sortit : nous fûmes heureux qu'il n'y portât pas autre chose. A voir comme nous étions faits après cette ondée de cendres, qui nous avait tous couverts, il y avait de quoi rire ; mais aucun de nous n'en avait envie : nous ne songeâmes qu'à nous en aller bien vite, et nous le fîmes très à propos. Nous n'étions pas à un mille et demi de l'île, que le tintamarre recommença, et jeta dans l'endroit que

____

(1) Une brasse contient la longueur des deux bras étendus avec le travers du corps, ce qui fait à peu près la longueur de six pieds.

nous venions de quitter quantité de pierres allumées. De plus, en abordant à Santorin, nos mariniers nous firent remarquer que la grande chaleur de l'eau avait emporté presque toute la poix de notre caïque, qui commençait à s'ouvrir de tous côtés. »

Pendant les dix années suivantes, le fourneau de ce volcan a encore jeté plusieurs fois : il est aujourd'hui dans une inaction qui n'est peut-être que le présage de révolutions plus grandes encore. L'eau n'est plus chaude en aucun endroit, on n'y remarque même aucune exhalaison; on voit seulement sortir par les côtés une grande quantité de soufre et de bitume qui nage sur les eaux sans s'y mêler, et les colore diversement, suivant la nature et la qualité des matières bitumineuses qu'elles entraînent.

Il existe de semblables foyers d'incendie dans plusieurs archipels. Le dernier jour de l'année 1720, et les jours suivans, il se forma tout-à-coup une île nouvelle dans le trajet de mer entre l'île de Saint-Michel (la plus volcanique des Açores) et Tertiara. Elle avait environ une lieue de circonférence ; elle était comme hérissée d'immenses rochers qui ressemblaient à de la pierre ponce. Toutes les nuits, des globes de feu et des torrens de matières enflammées s'élançaient jusqu'au ciel. Les eaux étaient très-chaudes tout à l'entour, et la mer bouillonnait si fort au loin, qu'il eût été dangereux à des vaisseaux d'approcher de l'île. Elle s'éleva au point qu'on pouvait la voir à la distance de huit à dix lieues : quelque tems après, cette île s'affaissa et disparut totalement.

Cette île Saint-Michel renferme une montagne volcanique, dont une éruption qui eut lieu en 1628, fit naître près du rivage, dans un endroit où il y avait plus de neuf cents pieds d'eau, un écueil volcanique, d'une lieue et demie de long, qui s'éleva de plus de soixante toises au-dessus de l'Océan. (La toise a environ six pieds.)

En août 1783, le vaste foyer de feux souterrains sur lequel semble reposer presqu'en général toute l'Islande, produisit aussi un embrâsement au sein des eaux. Cette espèce de prodige jeta l'épouvante dans tous les cœurs. Au sud de Grinbourg, à environ trois lieues du roc des Oiseaux, on vit la mer bouillonner avec force, on entendit la terre mugir dans ses entrailles, on la sentit s'ébranler ; bientôt les eaux parurent lancer des flammes ; de leur sein s'éleva une terre nouvelle, ou plutôt un amas de laves (1) et de matières volcaniques, qui, entr'ouvert dans sa partie la plus élevée, servit de cheminée à un foyer

_____

(1) On nomme *laves*, en général, les produits des volcans liquéfiés par les feux souterrains ; ils s'élancent de l'intérieur, soit par dessus les bords du cratère, soit par quelque ouverture latérale, sous la forme de torrens embrâsés.

souterrain qui cherchait à s'échapper. Cette île s'agrandit peu à peu depuis cette époque, et continua à lancer des flammes.

ÉMILE.

Qu'est-ce qui occasione ces éruptions?

M. VALMONT.

Ce sont des particules de fer, de soufre, de bitume qui se trouvent, dans ces endroits, réunies en grande abondance au sein de la terre.

ÉMILE.

Je ne conçois pas comment peuvent s'embrâser toutes ces matières ainsi renfermées?

M. VALMONT.

Je vous ai expliqué comment, par la pression, on voyait le bois s'allumer au milieu des glaces; les naturalistes expliquent par les mêmes causes le feu des volcans : c'est par la pression, et de plus par une fermentation violente, que les matières combustibles renfermées dans les entrailles de la terre s'échauffent d'elles-mêmes, s'enflamment, puis ébranlent, soulèvent et dispersent les voûtes de leurs prisons pour s'élancer dans les airs.

CÉLESTE.

Une fois l'éruption faite, n'y a-t-il plus de danger?

M. VALMONT.

Le danger se renouvelle sans cesse. Il y a des volcans qui s'éteignent; mais vous verrez que les principaux, tels que *le Vésuve, l'Etna, l'Hékla*, sont plus ou moins tranquilles, mais brûlent continuellement. On a observé que les volcans sont dans le voisinage de la mer, et l'on a conjecturé, avec assez de vraisemblance, qu'ils s'alimentaient en pompant, par des conduits inconnus, toutes les matières grasses et

inflammables que ses eaux contiennent.
Des physiciens ont même soupçonné entre
quelques-uns des communications sous-
marines; quelques faits particuliers semblent appuyer cette conjecture. Un auteur,
en parlant du volcanisme des Açores, dit
qu'en 1720, lorsqu'une roche formée de
masses ferrugineuses, fut lancée au-dessus des eaux, et s'éleva au milieu de cet
archipel, on remarqua avec effroi qu'à
mesure que l'île nouvelle se projetait au-
dessus de l'Océan, le sommet du *volcan
de Saint-Georges*, dans l'île du Pic, s'a-
baissait quoiqu'il y eût un intervalle de
mer de plus de trente lieues entre les deux
théâtres d'explosion (1).

ÉMILE.

Ces prodiges étonnent l'imagination !

---

(1) Histoire du Monde primitif.

M. VALMONT.

Aussi quelques peuples, plutôt que de soumettre leur imagination aux lois d'une saine physique, préfèrent-ils la laisser s'égarer dans des rêveries superstitieuses. Les Guanches, qui sont les habitans indigènes de Ténériffe, regardaient le *pic de Teyde* comme le soupirail du Tartare : les Espagnols y substituent encore aujourd'hui l'enfer de leurs théologiens ; et il faut avouer que le spectacle des éruptions de ce volcan prête beaucoup à ces fantômes de la crédulité. On ne peut approcher sans danger de ce pic célèbre. Le philosophe anglais Edens, qui le visita en 1715, vit sur sa croupe un grand nombre de torrens de soufre enflammé, qui descendaient en formant mille sentiers tortueux : dans d'autres endroits, le sol même est brûlant, ou couvre sous une légère enveloppe, d'immenses abîmes qui menacent à chaque instant le voyageur présomptueux, du sort d'Empédocle. De la hauteur de son cratère, on aperçoit les vingt mille rochers qui forment la charpente de l'île, pyramides antiques de la nature, qui représentent de loin les ruines d'une Palmyre ou d'une Persépolis. De ce cratère, il sort presque toujours de la fumée ou de la flamme, signe caractéristique et encore effrayant de ces anciennes et terribles explosions.

Deux célèbres voyageurs de ces tems modernes, MM. de Humboldt et Bonpland, ont visité ce pic de Teyde, la plus haute montagne volcanique du globe, puisqu'elle a une élévation de onze mille quatre cent vingt-quatre pieds au-dessus du niveau de la mer. Dans le récit de leur voyage, M. de Humboldt nous dit : « Quoique au fort de l'été, et sous le beau ciel de l'Afrique, nous souffrîmes du froid pendant la nuit. Dépourvus de tente et de manteaux, nous nous étendîmes sur un amas de roches

brûlées, où nous fûmes singulièrement incommodés par la flamme et la fumée que
le vent chassait sans cesse vers nous. Nous
avions essayé d'établir une sorte de para-
vent avec des draps liés ensemble ; mais le
feu prit à cette clôture, et nous ne nous en
aperçûmes que lorsque la plus grande partie était déjà consumée par les flammes.
Nous n'avions jamais passé la nuit à une
si grande élévation, et je ne me doutais
pas alors que sur le dos des Cordilières
nous habiterions un jour des villes dont le
sol est plus élevé que la cime du volcan
que nous devions atteindre le lendemain.
Plus la température diminuait, plus le pic
se couvrait de nuages. Le vent du nord les
chassait avec force. La lune perçait de
tems en tems à travers les vapeurs, et son
disque se montrait sur un fond d'un bleu
extrêmement foncé. L'aspect du volcan
donnait un caractère majestueux à cette
scène nocturne. Tantôt le pic était entiè-

rement dérobé à nos yeux par le brouil-
lard, tantôt il paraissait dans une proxi-
mité effrayante; et, semblable à une énorme pyramide, il projetait son ombre sur
les nuages placés au-dessous de nous. »

Le matin, MM. de Humboldt et Bonpland se mirent en route pour le sommet
du pic. Quelle fut leur admiration lorsque, s'étant assis sur les bords du volcan,
ils purent contempler le spectacle qui les
environnait! un ciel pur était sur leur tête;
sous leurs pieds, à une grande distance
des amas de vapeurs continuellement agi-
tées par les vents, roulaient comme les vagues de la mer, quelquefois un courant
d'air les perçait tout-à-coup, et des forêts,
des villages, le port d'Orotava avec ses
vaisseaux à l'ancre, les vignes, les jardins
dont la ville est entourée, apparaissaient
comme par enchantement à travers ces larges crevasses, et se déroulaient dans un
lointain immense : ainsi, du haut de ce

régions désertes, nos deux voyageurs laissaient errer leurs regards sur un monde habité, et leur pensée s'égarait tour à tour dans les sublimes méditations de la science, dans la contemplation de la nature.

Quoique le pic de Teyde s'annonce toujours comme une montagne ardente, il n'y a pas eu de vraie éruption depuis 1504 : c'est à cette époque que le beau port de Garrachica, comblé par les laves brûlantes, cessa d'exister.

Maintenant nous allons nous entretenir du *mont Hékla*, fameux dans le monde par son volcan. Il se trouve à environ deux journées de marche de la source du Geyser, dont nous avons parlé. Le sommet forme trois pointes : celle du milieu est la plus haute ; il faut quatre heures de marche pénible pour y parvenir. On a estimé son élévation perpendiculaire de huit cent quarante toises au-dessus du niveau de la mer. Il sort souvent de son sommet des flammes et des torrens de matières brûlantes. Ce fut en 1693 que ces éruptions firent les plus grands ravages ; elles étaient si violentes, que les cendres furent lancées dans toutes les parties de l'île, jusqu'à la distance de soixante lieues. Elles commencèrent le 5 avril, et continuèrent presque sans interruption jusqu'au 7 septembre suivant ; mais le cratère ne vomit point de laves. On a quelquefois trouvé, après les éruptions du mont Hékla, du sel en si grande quantité, qu'il y avait de quoi en charger nombre de chevaux. La mer n'est éloignée que d'environ cinq quarts de lieue ; cela contribue à confirmer l'opinion des savans, qui pensent qu'il y a connexion entre les mers et les volcans, tant de ceux qui vomissent des matières embrâsées, que de ceux qui vomissent de l'eau alternativement.

CELESTE.

Il y a donc des volcans qui jettent aussi de l'eau ?

M. VALMONT.

Oui ; et l'on attribue l'explosion de ces colonnes d'eau à la chute de sources souterraines sur le bitume embrâsé. Il y a près de Guatimala, en Amérique, deux montagnes dont l'une s'appelle *volcan de feu*, et l'autre *volcan d'eau*, à cause qu'elle jette quantité de ruisseaux. On dit de la première, qu'on peut lire une lettre la nuit, à la lueur de ses flammes, à la distance de trois milles (1).

Il se fait de tems à autre, dans les diverses contrées du globe, des éruptions volcaniques qui ne sont que passagères. En 1584, à une demi-lieue de la ville d'Aigle, au can-

____

(1) Trévoux

ton de Berne, après de grands tremblemens de terre de dix à douze minutes, et
qui redoublèrent pendant trois jours con-
sécutifs, on vit un matin s'élancer d'un en-
tre-deux de rocher une prodigieuse quantité de terre poussée par des exhalaisons
renfermées, qui faisaient effort pour se porter au dehors. Cette terre combla en peu
d'instans les vallons et la campagne voisine.
Un hameau entier en fut d'abord abîmé, à
une maison près, et la terre augmentant
à mesure qu'elle roulait comme une pelote
de neige, ensevelit, dans un village au-dessous du hameau dont nous venons de parler, soixante-neuf maisons, cent six gran-
ges, plus de cent personnes, et quantité
de bétail. Cette explosion de terre, accompagnée d'une grêle de pierres, et d'une
nuée mêlée d'étincelles et de fumée qui
répandait partout une odeur de soufre,
occupa environ une lieue d'étendue et la
largeur de douze arpens. Ce fut sans doute

aux efforts que fit ce volcan pour se mettre au large, qu'on dut attribuer le tremblement de terre qu'on avait éprouvé pendant quelques jours.

CÉLESTE.

Que les commotions de la nature sont violentes !

M. VALMONT.

Elles offrent quelquefois des singularités étonnantes. En 1660, Bordeaux et Narbonne éprouvèrent un tremblement de terre qui fit disparaître une montagne de Bigorre, et mit un lac en sa place.

Un événement de ce genre est encore survenu récemment en France : le 15 juin 1821, à dix heures du matin, un bruit épouvantable se fit entendre pendant plus de cinq à six minutes dans les environs d'Aubenas, et retentit à plus de six lieues à la ronde. On ne savait à quoi l'attribuer, lorsqu'au même instant une très haute montagne, dite *gerbier de jonc,* au pied de laquelle la Loire prend sa source, s'affaisse, disparaît et ne présente plus qu'un lac. Cette montagne était si élevée que l'on ne parvenait qu'avec beaucoup de peine à son sommet, qui se terminait en pointe, et à l'extrémité de laquelle se trouvait une fontaine. La commotion fut si forte qu'elle produisit un tremblement de terre à cinq lieues de circonférence, jusqu'au Champ-Raphaël, canton d'Antraigues.

Les journaux de Londres, du 20 janvier 1817, rapportent qu'à Bigor, près de Sussex, un verger rempli de jeunes pommiers, a glissé d'un côteau, a traversé un champ, passé un ruisseau, et s'est établi enfin dans un autre champ, où les arbres se trouvent dans une direction droite, comme s'ils y avaient été plantés depuis plusieurs années. On voit sur la route qu'a parcourue le verger, des arbres debout qui se sont

arrêtés en chemin. Un fait aussi remarquable avait eu lieu du tems de Pline, la dernière année du règne de Néron. « Au terri-
toire de Marus, dit ce savant naturaliste,
un plant d'oliviers appartenant à Vectius
Marcellus, chevalier romain, fut transporté tout entier au-delà du chemin public. »

En 1665, après des secousses affreuses
dans le Canada, un espace de cent lieues
de rochers s'aplanit, et n'offrit plus aux
yeux qu'une vaste plaine.

On a vu aussi la mer mugissante franchir avec une force irrésistible ses limites,
et lancer des navires au milieu des forêts.
Ce fait est arrivé plusieurs fois, notamm-
ment lors des tremblemens de terre au
Mexique. Dans un ouragan essuyé à la
Guadeloupe le 9 septembre 1758, un vaisseau du port d'environ huit mille quintaux, ancré dans un mouillage, fut porté
à plus de mille pas dans les terres.

Mais ne nous arrêtons pas à ces phénomènes passagers. J'ai promis de vous parler de ces monts imposans, dont le sommet
pousse continuellement vers le ciel des
tourbillons de fumée, et d'où sortent de
tems à autre des flammes si prodigieuses,
qu'elles semblent embrâser tout l'espace
des airs : c'est un tableau effrayant, mais
il est digne d'admiration.

Je commencerai par le *mont Etna*, élevé
de seize cent soixante-douze toises au-dessus du niveau de la mer. Les ravages que
son feu a occasionés remontent à la plus
haute antiquité. On cite plusieurs éruptions qui portèrent la dévastation jusqu'à
des distances très éloignées : celle qui eut
lieu du tems de Jules-César fut si violente,
au rapport de Diodore de Sicile, que la
mer, près de l'île de Lipari, brûlait les
vaisseaux, et que les poissons mouraient
de chaleur. (L'île de Lipari est à quarante

milles (1) de la côte septentrionale de la Sicile.)

Voici la relation abrégée d'un voyage qu'y fit, en 1781, le commandeur de Dolomieu :

« Le 22 juin, je partis de Catane à la pointe du jour : j'étais à la tête d'une troupe de huit personnes ; je pris la route de Nicolosi, comme la plus agréable. La fraîcheur de l'atmosphère, la position charmante de toutes les maisons, les arbres qui les entourent, une campagne d'une fertilité prodigieuse, la vue de la mer et de Catane ; le soleil levant qui, en frappant de ses rayons cette partie de la montagne, y répandait la vie et l'action, tout, en un mot, se réunissait pour nous offrir le spectacle le plus ravissant. J'arrivai à midi à Nicolosi. Ici l'aspect de la campagne change ;

---

(1) Le mille d'Italie a mille pas géométriques, c'est-à-dire un peu plus d'un tiers de la lieue commune.

toute la plaine inclinée qui est au-dessus du village ne présente plus que l'image de la dévastation. On y voit un espace de deux milles de diamètre couvert de cendres noires et rougeâtres, très mobiles, et auxquelles les vents donnent une forme d'ondulation semblable à celle de la mer. Au centre est une montagne cônique formée de scories rougeâtres, très obscures, qui lui ont fait donner le nom de *monte Rosso*. De son pied s'échappe un courant de lave, à qui cent douze ans n'ont encore changé ni l'intensité de sa couleur noire très foncée, ni diminué les aspérités de sa surface. Cette lave porte avec elle l'image de l'enfer ou du cahos, et fait une impression extraordinaire sur ceux qui la voient pour la première fois. Elle présente, dans des parties, des crevasses et des cavités profondes, et dans d'autres, des masses énormes de scories et de matières fondues, que l'on ne peut concevoir s'être ainsi soutenues et être restées presque suspendues en l'air. Cette lave a formé des grottes qui ont trois ou quatre lieues de longueur, sur une largeur de trois ou quatre toises, et une hauteur de dix à vingt pieds. Les murs latéraux et la voûte sont aussi lisses que s'ils avaient été taillés à mains d'hommes.

» Je partis de Nicolosi à cinq heures du soir; nous arrivâmes avant la nuit au lieu que nous avions designé pour notre station, à la *grotte des Chèvres*. C'est une excavation produite par la dégradation des eaux sous un très gros rocher de lave, et qui peut contenir une douzaine de personnes. Pour nous préserver du froid, nous coupâmes un gros arbre, et nous établîmes un très grand feu en face de la grotte: nous avions recueilli des feuilles pour nous coucher dessus. A minuit, j'appelai tout le monde: je voulais arriver sur le cratère au soleil levant. Nous marchions presqu'à tâtons; le froid était très vif. Je fis plu-

sieurs chutes et me déchirai les jambes.
J'arrivai sur la plaine, auprès de la *tour du
Philosophe*. (Des huit compagnons de
voyage qui avaient accompagné M. Dolomieu, une partie avait renoncé à l'entreprise, les autres s'étaient égarés ; notre
voyageur se trouvait seul.) L'obscurité, le
silence et la solitude la plus absolue qui
régnaient autour de moi, continue-t-il,
l'absence de toute végétation, comme de
la plus légère trace d'aucun être vivant, la
flamme et la fumée que je voyais de loin
sortir du milieu des glaces et des neiges,
tout, je l'avoue, était fait pour m'inspirer
de l'effroi.

» Cependant l'aurore commençait à rou-
gir l'horizon, moi même je me voyais
éclairé par une flamme blanche et tran-
quille, qui s'élevait de la sommité de
l'Etna et au-dessus d'une des pointes du
cratère. Je traversai avec empressement la
plaine qui me séparait du pied du cône

enflammé ; je marchais tantôt sur une neige
très dure et très compacte, tantôt sur une
cendre noire et mouvante, où j'enfonçais
jusqu'aux genoux ; et plusieurs fois je pen-
sai me précipiter dans des espèces d'enton-
noirs, d'un ou de deux pieds de diamètre,
qui étaient semblables à l'ellipse d'un fourneau, et d'où sortait continuellement une
fumée blanche et brûlante. Arrivé au pied
du cône, je me trouvai alors au plus difficile de l'entreprise ; lorsque j'avais monté
dix toises, je reculais d'autant, et me trouvais enseveli sous les scories. Enfin, après
des peines inouïes, après m'être écorché
les mains et le visage, j'arrivai sur les bords
du cratère un peu après le lever du soleil. »

ÉMILE.

Combien il en coûte de peines pour visiter ces lieux !

M. VALMONT.

Toutes ces souffrances augmentent peut-être encore la satisfaction que les voyageurs éprouvent : c'est comme l'épine qui, en nous piquant, semble nous faire trouver plus délicieux le parfum de la rose. Revenons à notre voyageur que nous avons laissé sur les bords du cratère. « Là, dit-il, je m'assis pour jouir du prix de mes peines. Je fus quelques momens à reprendre haleine et à me préparer au grand spectacle qui se présentait à moi. L'air était pur et le ciel serein ; ma vue se portait sur une étendue immense. Le soleil se levant derrière les montagnes de la Calabre, frappait de ses rayons la masse de l'Etna, et une partie de l'île qu'il couvrait de son ombre restait encore dans les ténèbres. A mesure que le soleil montait au-dessus de l'horizon, toutes ces contrées paraissaient sortir du néant, et je croyais présider à leur création. Jamais spectacle plus grand et plus imposant ne pouvait s'offrir à mes regards.

» Le diamètre du cratère est d'environ cinq cents pas. L'intérieur ne présente plus ce vaste gouffre décrit dans plusieurs relations; mais il renferme une espèce de plaine qui n'est qu'à douze pieds au-dessous des bas bords du cratère, et qui est entourée d'escarpemens. Il ne me fut pas possible de descendre dans ce bassin, quelque désir que j'en eusse, et les tentatives que je fis furent périlleuses, mais sans succès. Je vis du lieu où j'étais, qu'il renfermait plusieurs monticules côniques, ressemblant parfaitement à des pyramides ou cônes de charbon dans lesquels le feu serait, et dont la fumée sortirait de tous les points de la surface. Je comptai sept de ces monticules élevés sur ce plafond à différentes distances les uns des autres : le plus haut peut avoir vingt toises. Chacun d'eux a sur son sommet une petite ouverture d'où la fumée sortait par bouffées. Dans le centre de cette plaine, j'aperçus une cavité en forme d'entonnoir, d'une vingtaine de toises de diamètre, mais dont je ne pus pas juger la profondeur. Il en sortait, ainsi que d'une infinité de petits trous de ce même sol et des bords du cratère, une fumée abondante, dont l'odeur me parut semblable à celle de l'acide sulfureux. Je restai à peu près une heure et demie à observer tout ce qui m'entourait; enfin, je fus chassé de ma station par le froid, qui m'avait pénétré jusqu'aux os, quoique je fusse extrêmement couvert et que de tems en tems je me chauffasse les mains à la fumée qui sortait de toutes parts autour de moi. »

Une éruption de l'Etna, arrivée le 12 janvier 1693, fit des ravages effroyables. Le dégorgement du volcan fut précédé d'un tremblement de terre qui se fit sentir dans toute la Sicile, et dura trois jours à diverses reprises. Les villes de Catane et d'Agouste, distantes de quatre milles du volcan, furent entièrement détruites. Il se fit dans la montagne une ouverture de plus de soixante toises de circonférence, qui vomissait, avec un mugissement horrible, des tourbillons de flammes et des quartiers de rochers à demi-calcinés. Les petites villes de Carlentini, de Léontini et de Modica, furent ensevelies sous les cendres. On vit un torrent de laves, d'une lieue de large, couler avec impétuosité dans la campagne, anéantissant tout sur son passage. Cette rivière de feu ne fut arrêtée que par la mer, où elle alla se jeter.

L'éruption de 1766 présenta un phénomène singulier. Il s'élança d'abord de la bouche du volcan une grande quantité de scories, qui formèrent une espèce de retranchement circulaire : elles firent ainsi obstacle au cours de la lave qui sortit peu après, et s'y accumula comme dans un bassin. Lorsqu'il fut plein, elle passa par-dessus ses bords, et présenta alors le superbe spectacle d'une cascade de feu et de matières enflammées, qui avaient presque autant de fluidité que l'eau.

Mme VALMONT.

Le feu de l'Etna fit naître une de ces actions sublimes qui honorent l'humanité. Deux enfans, Anphinone et son frère, fuyaient loin du volcan dévastateur, lorsqu'ils aperçurent leur père et leur mère, accablés de vieillesse et d'infirmités, sortant de leur maison, et pouvant à peine marcher. Ils courent à eux, les prennent dans leurs bras, et partagent ce précieux fardeau, sous lequel ils sentent augmenter leurs forces. Quoique l'incendie exerce sa fureur de tous côtés, les deux frères parviennent à échapper à ses ravages, et conservent ainsi la vie aux auteurs de leurs jours. Les poètes ont célébré les louanges de ces deux enfans, et Syracuse et Catane se disputent encore aujourd'hui l'honneur de leur avoir donné la naissance.

EMILE.

A moins que d'avoir un bonheur aussi grand que celui d'Amphinone, je ne voudrais pas habiter dans le voisinage d'un volcan.

M. VALMONT.

On voit cependant des villages, des bourgs, des villes, construits sur le sol même où ont existé d'autres villages, d'autres bourgs, d'autres villes que des éruptions ont fait disparaître. Des habitans de Catane, en creusant, trouvèrent, à la profondeur de soixante-huit pieds, d'anciens monumens de marbre, qui font conjecturer que cette ville était anciennement dans un fond, et que ces vastes torrens de flammes, entraînant avec eux beaucoup de matières, en auront comblé le pays, et

élevé ainsi le terroir où Catane d'aujour-
d'hui se trouve située sur ses propres
ruines.

La ville d'Herculanum, presque dé-
truite sous le règne de Néron, avait été
reconstruite par ses habitans; durant le
règne de Titus, elle fut de nouveau abîmée
sous un fleuve de laves sorti de la bouche
du Vésuve, Pompeïa fut de même englou-
tie : eh bien! on a bâti Portici presque sur
le lieu où furent ensevelies Herculanum
et Pompeïa.

Regardez ce dessin; il vous donnera une
idée de l'effet terrible de ces descriptions.
Cette formidable gerbe de feu, qui dura
trois quarts d'heure de suite, s'éleva jusqu'à une hauteur prodigieuse. On a estimé qu'elle devait avoir égalé celle de
trois fois le Vésuve, ce qui peut revenir à
deux mille pas géométriques, ou dix mille
pieds.

Pline le jeune, en racontant la mort de

son oncle Pline l'ancien (le plus grand naturaliste de l'antiquité), nous a transmis la description d'une éruption terrible du Vésuve, arrivée l'an 79 de Jésus-Christ. Écoutez cette lettre, qui était adressée à l'historien Tacite :

« Mon oncle, dit Pline, était à Misène, où il commandait la flotte. Le 25 d'août, une heure environ après midi, comme il était sur son lit, occupé à étudier, ma mère monte à sa chambre, et lui annonce qu'il s'élève dans le ciel un nuage d'une grandeur et d'une figure extraordinaire. Mon oncle se lève; il examine le prodige, mais sans pouvoir reconnaître, à cause de la distance, que ce nuage montait du Vésuve. Il ressemblait à un grand pin; il en avait la cîme, il en avait les branches. Sans doute un vent souterrain le poussait avec impétuosité, et le soutenait dans les airs. Il paraissait tantôt blanc, tantôt noir, tantôt de diverses couleurs, suivant qu'il

7*

était plus ou moins chargé ou de cailloux ou de cendres. Mon oncle fut étonné; il crut ce phénomène digne d'être examiné de près. Vite, une galère! dit-il; et il m'invite à le suivre : j'aimai mieux rester pour étudier. Mon oncle sort donc seul, et, ses tablettes à la main, il s'embarque.

» Le tremblement de terre qui depuis plusieurs jours agitait aux environs tous les bourgs et les villes, augmentait à tout moment. J'allai auprès de ma mère, et nous descendîmes dans la cour. Nous y restâmes quelque tems tranquilles; mais bientôt les maisons chancelèrent à un tel point, que nous résolûmes de quitter Misène. Le peuple épouvanté nous suivit : car la frayeur imite quelquefois la prudence. Sortis de la ville, nous nous arrêtons : nouveaux prodiges, nouvelles terreurs. Le rivage, qui s'élargissait sans cesse, couvert de poissons demeurés à sec, s'agitait à tout moment, et repoussait fort loin la mer irritée, qui retombait sur elle-même, tandis que devant nous s'avançait, des bornes de l'horizon, un nuage noir, chargé de feux sombres, qui continuellement le déchiraient et jaillissaient en larges éclairs.

» Un de nos amis vient a nous effrayé, et nous crie : Sauvez-vous! Presque aussitôt la nue s'abat des cieux sur la mer, et l'enveloppe : elle nous dérobe l'île de Caprée et le promontoire de Misène. — Sauve-toi, mon cher fils, s'écrie ma mère, sauve-toi! tu le dois et tu le peux, car tu es jeune et agile; pour moi, chargée d'années et d'infirmités, je suis satisfaite si je ne suis point cause de ta mort. — Ma mère, point de salut pour moi qu'avec vous! Je la prends par la main et je l'entraîne. — O mon fils! disait-elle en pleurant, je te retarde!

» Déjà la cendre commençait à tomber; je tourne la tête : une épaisse fumée qui inondait la terre comme un torrent, se précipitait vers nous. J'engageai ma mère à quitter le grand chemin, parce que la foule qui accourait nous eût étouffés dans les ténèbres. A peine nous étions-nous détournés, qu'il fit absolument nuit. Alors ce ne fut plus que plaintes de femmes, que gémissemens d'enfans, que cris d'hommes. On entendait à travers les sanglots et avec les divers accens de la douleur : *Mon père! mon fils! ma femme!* On ne se reconnaissait qu'à la voix. Celui-ci déplorait sa destinée ; celui-là le sort de ses proches ; les uns imploraient les dieux, les autres cessaient d'y croire ; plusieurs appelaient la mort même contre la mort. On disait que l'on était maintenant enseveli avec le monde dans la dernière des nuits, dans celle qui devait être éternelle ; et au milieu de tout cela, que de récits funestes! que de terreurs imaginaires! La frayeur outrait tout et croyait tout.

» Cependant une lueur perce les ténèbres; c'était l'incendie qui approchait;
mais il s'arrête, s'éteint; la nuit redouble,
et avec la nuit, la pluie de cendres et de
pierres. Nous étions obligés de nous lever
de moment en moment pour secouer nos
habits. . . . . . Enfin, cette épaisse et noire
vapeur peu à peu se dissipe; le jour re-
naît; le soleil même reparaît, mais terne
et jaunâtre, tel qu'il se montre dans une
éclipse. Quel spectacle s'offrit alors à nos
regards encore incertains et troublés !
Toute la terre était ensevelie sous la cendre, comme elle l'est en hiver sous la
neige : le chemin ne paraissait plus. Nous
retournâmes à Misène, qui avait été abandonnée. Nous reçumes bientôt après des
nouvelles de mon oncle : hélas! nous
avions toute raison d'en être inquiets !

» Je vous ai dit qu'après nous avoir
quittés à Misène il était monté sur une galère : il dirigea sa route vers Rétine et les

autres bourgs menacés. Tout le monde
en fuyait; il y entre. Au milieu de la con-
fusion générale, il observe attentivement
la nue, il en suit tous les phénomènes, et
à mesure il dictait à son secrétaire le récit
de ses observations. Mais déjà une cendre
épaisse et brûlante s'abattait sur sa galère,
déjà les pierres tombaient à l'entour; déjà
le rivage était comblé de quartiers entiers
de montagnes : mon oncle hésite s'il re-
tournera sur ses pas, ou s'il gagnera la
pleine mer. La fortune seconde le courage, s'écrie-t-il; tournez vers Pomponianus. Pomponianus était à Stabie; mon
oncle le trouve tout tremblant. Il l'embrasse, l'encourage; et, pour rassurer son
ami par sa sécurité, demande un bain, se
met ensuite à table, et soupe gaîment, ou
du moins, ce qui prouverait autant de caractère, avec toutes les apparences de la
gaîté.

» Cependant le Vésuve s'enflammait de

toutes parts dans la profondeur des ténèbres. Ce sont des villages abandonnés qui
brûlent, disait mon oncle à la foule, pour
tâcher de la rassurer. Ensuite il se couche,
il s'endort. Il dormait du sommeil le plus
profond, lorsque la cour de la maison
commence à se remplir de cendres : toutes
les issues s'obstruaient. On court à lui ; il
fallut l'éveiller. Il se lève, il rejoint Pomponianus, et délibère avec lui et sa suite
sur le parti qu'il faut prendre. Resteront-
ils dans la maison? fuiront-ils dans la campagne? S'ils restent, comment échapper à
la terre qui s'entr'ouvre, et, s'ils fuient,
aux pierres qui tombent? On choisit le
dernier parti. A l'instant on sort de la ville,
et pour toute précaution on se couvre la
tête d'oreillers. Le jour commençait partout ailleurs, mais là continuait la nuit :
nuit horrible! la nue en feu l'éclairait.
Mon oncle voulut s'approcher du rivage,
malgré la mer qui était encore grosse; il

descend, boit de l'eau, fait étendre un drap, et se couche. Tout-à-coup des flammes ardentes, précédées d'une odeur de soufre, brillent, et font fuir au loin tout le monde. Mon oncle, soutenu par deux esclaves, se lève ; mais soudain, suffoqué par la vapeur, il retombe et cesse d'exister. »

CÉLESTE.

Quelle catastrophe ! Et comment ne fuit-on pas à jamais un lieu si terrible ?

M. VALMONT.

Les éruptions du Vésuve, sa fumée et le feu qu'il vomit continuellement, l'épouvante qu'il a répandue autour de lui à différentes époques, les villes et les villages qu'il a fait disparaître, tout cela n'empêche pas non-seulement d'habiter aux environs, mais même de le fréquenter assez légèrement. L'homme s'est tellement familiarisé avec cet imposant spectacle, que journellement des voyageurs bravent tous les dangers pour visiter ce mont. On en a vu jouter à qui s'approcherait davantage du cratère, à qui s'y maintiendrait plus long-tems ; entre autres, le duc d'Hamilton et le docteur Moore, qui y firent un voyage, faillirent être victimes de leur hardiesse : un banc de laves sur lequel ils s'étaient assis, tomba dans l'abîme au moment où ils venaient de le quitter.

CELESTE.

Quelle hardiesse ! Quelle témérité ! je suis passablement curieuse ; mais je crois que je n'aurais jamais le courage de risquer ainsi ma vie pour visiter ces lieux.

M. VALMONT.

Eh bien ! Huit Français ont entrepris il y a quelques années, de descendre dans le cratère même de ce volcan.

EMILE.

Ah! Mon Dieu! Ils auront péri, sans
doute, dans une entreprise aussi téméraire?

M. VALMONT.

C'est ce que nous verrons.

Auparavant je vais vous faire connaître
le récit de la visite que fit au sommet du
Vésuve. L'élégant auteur des *Lettres sur
L'Italie*, M. Dupaty :

« Arrivés, dit-il, vers les six heures du
soir à Résina, petit village au-delà de Portici, je quitte, dit ce voyageur, la voiture
qui m'a conduit, et je monte sur un mu-
let. Trois hommes robustes m'accompagnent avec une provision de flambeaux. Je commence par monter entre deux
champs couverts de peupliers, de mûriers, de figuiers entrelacés de vignes sou-
ples et vigoureuses, qui tantôt s'appuient
et se suspendent à ces arbres, tantôt mon-

tent et se soutiennent d'elles-mèmes au milieu des airs.

» Après avoir traversé pendant une heure de beaux vergers, j'arrive à une lave immense : le Vésuve l'a vomie dans une éruption, il y a environ soixante ans. Elle fit pâlir toute la ville de Naples ; mais, après l'avoir menacée un moment, elle s'arrêta là. Quoique arrêtée et éteinte, elle effraie encore et menace. Les bords de cette lave sont tapissés, comme les bords de la Seine, de gazons et de fleurs, et ombragés çà et là de jeunes arbustes qu'une cendre féconde arrose, pour ainsi dire, et nourrit toujours. Après avoir suivi quelque tems un sentier difficile, je me trouvai sur des rochers affreux, au milieu de la cendre mouvante. Là, la terre cesse pour le pied des animaux, mais non pas pour celui de l'homme. Nous gravîmes péniblement des monceaux de scories qui s'écroulaient sous nos pas. Je m'arrêtai un moment pour contempler.

» Devant moi, les ombres de la nuit et les nuages s'épaississaient de la fumée du volcan, et flottaient autour du mont ; derrière moi, le soleil, précipité au-delà des montagnes, couvrait de ses rayons mourans la côte de Pausilippe, Naples et la mer, tandis que, sur l'île de Caprée, la lune à l'horizon paraissait ; de sorte qu'en cet instant je voyais les flots de la mer étinceler à la fois des clartés du soleil, de la lune et du Vésuve. Lorsque j'eus contemplé cette obscurité et cette splendeur, cette nature affreuse, stérile, abandonnée, et cette nature riante, animée, féconde, l'empire de la mort et celui de la vie, je me jetai à travers les nuages et je continuai de gravir. Je parvins enfin au cratère.

» C'est donc là ce formidable volcan qui

brûle depuis tant de siècles, qui a submergé tant de cités, qui a consumé des peuples; qui menace à toute heure cette vaste contrée, cette Naples, où dans ce moment on rit, on chante, on danse, on ne pense pas seulement à lui! Quelle lueur autour de ce cratère! quelle fournaise ardente au milieu! D'abord ce brûlant abîme gronde; déjà il vomit dans les airs, avec un épouvantable fracas, à travers une pluie épaisse de cendres, une immense gerbe de feu : ce sont des millions d'étincelles; ce sont des milliers de pierres, que leur couleur noire fait distinguer, qui sifflent, tombent, retombent, roulent : en voilà une qui roule à cent pas de moi. L'abîme tout-à-coup se referme, puis tout-à-coup il se rouvre, et vomit encore un incendie. Cependant la lave s'élève sur les bords du cratère; elle gronde, elle bouillonne, coule et sillonne en longs ruisseaux de feu les flancs de la montagne.

» J'étais vraiment en extase. Ce désert, cette hauteur, cette nuit, ce mont enflammé!.... J'aurais voulu passer la nuit auprès de cet incendie, et voir le soleil, à son retour, l'éteindre de l'éclat de ses rayons éblouissans; mais le vent, qui soufflait avec impétuosité, m'avait déjà glacé, et je retournai sur mes pas. »

CÉLESTE.

Comment! il y a sur le mont Vésuve même des mûriers, des figuiers, des vignes, de beaux vergers enfin?

M. VALMONT.

Oui, la terre est végétale depuis sa base inférieure jusque vers la moitié de la hauteur.

ÉMILE.

Quelle est la hauteur du Vésuve?

M. VALMONT.

Elle est évaluée à trois mille sept cent quatre-vingts pieds au-dessus du niveau de la mer : la base inférieure à trois lieues de tour ; la Méditerranée en baigne une partie.

CÉLESTE.

Tu nous as promis le récit des huit Français qui ont eu le courage, ou plutôt l'audace de descendre dans le cratère : on a sans doute conservé leurs noms ?

M. VALMONT.

Oui : ce sont MM. Debeer, secrétaire de l'ambassadeur français à Naples ; Houdouart, ingénieur en chef des ponts et chaussées, attaché à l'armée d'Italie ; Wicar, peintre ; Dampierre, adjudant-commandant ; Bagneris, médecin à l'armée d'observation ; Fressinet, Andras, voyageurs français ; et Moulin, inspecteur des postes.

ÉMILE.

Je tremble pour eux. Le foyer de ce volcan est-il très profond?

M. VALMONT.

Le foyer est enfoncé de deux cents pieds au-dessous des bords supérieurs de la bouche du volcan. C'étaient ces deux cents pieds, de l'intérieur du Vésuve, qu'il s'agissait de parcourir pour arriver au cratère, et y observer les nombreuses fumeroles, les longues crevasses, les feux qui sortent même en plusieurs endroits, enfin les matières variées et fumantes encore, dont ce cratère est composé.

Les parois intérieures du volcan sont à pic ou très escarpées, et composées de cendres, de laves et de grosses pierres calcaires: mais ces laves et ces pierres, ne formant aucune liaison avec la cendre, ne 'peuvent servir de point d'appui, et le moindre mouvement, le moindre déplacement entraîne et fait écrouler ces espèces de rochers, quand on a l'imprudence de s'y fixer. De plus, du sommet du Vésuve au cratère, la pente étant singulièrement rapide, ne peut être parcourue que les pieds et les mains à terre, en se laissant couler au milieu d'un torrent de cendres et de laves. Enfin, ce qu'il y a de plus dangereux, ce sont des excavations effrayantes, qui ne peuvent être franchies qu'en s'abandonnant dans l'espace pour retrouver la pente inférieure. Rien de tout cela n'intimida nos voyageurs. Écoutons le récit qu'ils nous font de leur excursion périlleuse :

« Sans avoir égard aux terreurs que cherchèrent à nous inspirer les Napolitains, après avoir reçu leurs adieux comme si notre séparation eût dû être éternelle, nous partîmes le 29 messidor, à onze heures et demie du soir, de l'hôtel de l'ambassadeur de France, au nombre de quatorze français, munis de cordages, d'ustensiles présumés nécessaires, et surtout d'un fond de gaîté qui ne nous a point quittés pendant toute l'opération, même aux momens des dangers les plus imminens. Nous sommes arrivés en voiture, à minuit, au pied du Vésuve. Là, l'adjudant-commandant Dampierre à notre tête, tous montés sur des mulets exercés et marchant l'un après l'autre, nous arrivâmes, au milieu des ténèbres épaisses de la nuit, à la moitié de la hauteur escarpée du Vésuve. Nos guides étaient nombreux, et nos torches allumées donnaient à notre expédition un air mystérieux et lugubre qui faisait un contraste piquant avec les rires éclatans et la gaîté franche de tous ceux qui composaient la caravane. Arrivés vers la moitié de la hauteur, nous fûmes obligés de mettre pied à terre, et nous gravîmes dans

la cendre jusqu'au genou , la partie la plus
rapide et la plus difficile du Vésuve. Couverts de sueur et épuisés de fatigue, nous
atteignîmes le sommet à deux heures et
demie du matin.... Nous jouîmes d'abord
du plus magnifique des spectacles, celui
de la superbe vue de la ville et du port de
Naples, des côteaux brillans qui l'entourent, et de la vaste étendue de mer qui le
baigne ; enfin , dès l'aurore qui commençait à poindre et semblait se hâter de paraître pour nous prodiguer sa lumière,
après avoir fait le tour d'une partie de l'ouverture du volcan, afin de choisir l'endroit
le plus commode à la descente, l'adjudant-
commandant Dampierre et M. Wicar des-
cendirent d'abord, sans accident, par
l'endroit déterminé. Arrivés au tiers du
chemin, une excavation de 50 pieds qu'il
aurait fallu franchir, les arrêta tout-à-
coup. Ayant reconnu qu'il était impossible de fixer aucun point d'appui solide

sur une cendre aussi mobile; convaincus encore que le frottement des cordes aurait bientôt entraîné et le point d'appui et les masses environnantes à une grande distance, ils résolurent de rétrograder. De plus, au moment où ils s'occupaient des moyens de descendre, quelques pierres roulant du sommet, ébranlèrent tout sur leur passage. L'adjudant-général Dampierre sentit le terrain sur lequel il était placé, s'ébranler et disparaître à ses yeux aussitôt qu'il le quittait, et n'eut que le tems de remonter avec précipitation, et de crier à M. Wicar de le suivre. En effet, ils eurent à peine quitté cet emplacement que, pendant une demi-heure, tout le terrain sur lequel ils avaient passé, et tous les monticules environnans, s'éboulèrent successivement et se précipitèrent avec fracas au fond du cratère.

» Avant de renoncer à l'entreprise et de revenir tristement à Naples sans l'avoir exécutée, nous parcourûmes encore les contours de la bouche du Vésuve, et nous découvrîmes une longue pente assez unie, quoique très rapide, qui conduisait au foyer ; sans examiner les ressauts qu'il fallait franchir pour y arriver, M. Debeer, accompagné d'un lazaroni, partit le premier pour tenter ce passage. Entraîné au tiers du chemin, au milieu d'un torrent de cendre que l'impression de ses pieds faisait ébouler autour de lui, il trouva le moyen de se fixer sur le bord d'un ressaut de douze pieds de hauteur qu'il fallait franchir pour arriver à la pente inférieure. Épouvanté, notre lazaroni refusa d'abord formellement de continuer, mais un double ducat lui étant promis, la cupidité l'emporta ; il se signa promptement tout le corps, invoqua la Madonne, Saint-Antoine de Padoue, et se précipita, avec M. Debeer, au bas du premier ressaut ; il s'en présenta de suite un second, mais qui, étant moins haut que le premier, fut franchi plus facilement. Enfin, au milieu d'un éboulis continuel de laves, de cendres et de pierres, ils arrivèrent au pied du cratère, et nous tendirent les bras, en poussant des cris de joie, que nous couvrîmes de bravos de satisfaction et d'enthousiasme.

L'ingénieur Houdouart suivit immédiatement M. Debeer; après avoir rencontré les mêmes obstacles et franchi les ressauts dangereux, il le rejoignit sur le cratère. Là, convaincus tous les deux de la difficulté presque insurmontable de remonter, ils se jetèrent spontanément dans les bras l'un de l'autre, comme deux amis réduits à terminer leur vie ensemble dans une île déserte, dont ils n'auraient aucune espérance de sortir; ils s'empressèrent de parcourir ensemble, et d'un pied circonspect, cette immense fournaise, qui fume encore dans beaucoup de parties.

L'intrépide Wicar, qui désirait vivement partager leur sort, leur criait de lui envoyer quelqu'un pour l'aider à franchir les deux cataractes; impatient de ne voir arriver personne, il se précipite seul, franchit les deux hauteurs et arrive en roulant, dans un torrent de cendres, de pierres et de matières volcaniques. L'adjudant Dampierre, MM. Bagnéris, Fressinet, Andras et Moulin, le suivent bientôt et arrivent au cratère, après avoir couru les mêmes dangers. Wicar s'assied sur-le-champ sur un monceau de scories, et avec cette supériorité de talent qu'on lui connaît, profile avec une parfaite ressemblance les portraits des huit Français qui venaient de descendre. Chacun ensuite fit sa petite provision des différentes matières volcaniques qui lui parurent curieuses ou nouvelles, et l'on s'occupa de faire le peu d'observations qu'il était possible. S'il eût été permis de compter sur le succès; si, comme on a pu s'en apercevoir, nous n'eussions pas été retenus dans nos préparatifs par nos timides guides; enfin, si certains d'entre nous, arrivés tout récemment à Naples, n'eussent manqué de tems, notre descente aurait certainement été beaucoup plus utile, et les résultats plus satisfaisans.

Quoiqu'il en soit, et dans notre pénurie de moyens, voici ce qu'il nous a été possible d'examiner : — Le thermomètre de Réaumur, seul instrument que nous possédassions, marquait 12 degrés au sommet du Vésuve: l'air était froid et un peu humide; dans le cratère, le mercure s'éleva à 16 degrés, et nous y éprouvâmes la plus douce température. La surface de ce lieu qui, d'en haut paraissait à l'œil nu, entièrement uni, n'offrit plus, quand nous y fûmes parvenus, qu'une vaste étendue d'aspérités. Il nous fallut constamment marcher sur des laves très poreuses, assez généralement dures, mais qui, pourtant en quelques endroits, et surtout aux lieux de notre entrée, étaient encore mollasses et pliaient sous nos pieds. Le spectacle qui nous avait le plus frappés, c'étaient les fumerolles qui, soit du fond du cratère, soit des parois intérieures de la montagne, laissaient échapper des vapeurs. Ces fumerolles étaient assez nombreuses, et les matières qu'elles exhalaient, promptes à s'élever. Arrivés au cratère, nous voulûmes nous assurer si ces vapeurs étaient malfaisantes ; nous les aspirâmes à p   urs reprises ; mais nous n'en fû   le-ment incommodés. Le thermo   la-cé à l'une des fumerolles, mar   e-grés ; à une autre, il n'alla qu   s toutes ces expériences, notre i   t fut recouvert d'une matière hu   ue l'air libre, et sans aucune trace   iera-tion, parvint bientôt à dissiper.

En parcourant la surface du cr

nous aperçûmes un foyer à demi recouvert par une grande masse de pierres-ponces, et qui, dans toute sa circonférence, répandait une vive chaleur. Le thermomètre placé d'abord à l'entrée, et porté ensuite en avant, autant que le terrain et la chaleur du lieu le permettaient, ne put jamais s'élever qu'à 22 degrés. Cette particularité nous surprit, sans pouvoir l'expliquer.

Les produits volcaniques que nous avons observés dans tout le cratère, sont des laves extrêmement poreuses, et que le feu à certains endroits, a réduites à l'état de scories. Leur couleur est d'un brun foncé, quelquefois rougeâtre; rarement on en trouve de blanches. Les matières les plus proches des fumerolles sont toutes recouvertes ou pénétrées par le soufre. Ce minéral s'y trouve assez souvent dans un état d'oxigénation. Sa couleur est quelquefois jaunâtre, et l'impression vive et piquante qu'il laisse sur la langue, décèle bien son état. Le foyer ardent dont nous avons parlé produit aussi les mêmes résultats. On trouve aussi des laves basaltiques, mais en petit nombre, et une seule d'un poids considérable et d'un beau poli a fixé notre attention. A la partie nord du cratère, se trouvent deux grandes crevasses, dont l'une a 20 pieds de profondeur, et l'autre 15 ou à peu près. Leur forme est celle d'un cône renversé. La matière qui le revêt est en tout semblable au reste de la surface. Nulle fumée ne s'en échappe, nulle chaleur ne s'y fait sentir. Cependant quelques produits sulfureux annoncent que ces lieux ont, depuis peu de tems, cessé de brûler.

Ce peu d'observations terminé, il fallut s'occuper des moyens de retourner. Le travail le plus pénible et le plus long n'est pas de descendre, mais bien de remonter. En effet, il est beaucoup plus difficile d'escalader des hauteurs, que de les franchir, avec des points d'appui aussi mobiles, aussi dangereux ; on ne peut en outre monter que les uns après les autres, et à de longs intervalles, dans la crainte d'enterrer ceux qui suivent ; car le pied une fois posé, déplace successivement et avec rapidité la cendre qui l'environne à trente pieds au-dessus et au-dessous ; ensorte que celui qui marche fait un pas sur six, au milieu d'un torrent de cendres et de pierres, qui l'entraîne malgré lui dans son cours, par une pente escarpée, ainsi que tous les monticules qui l'environnent et l'enveloppent quelquefois, s'il n'a pas la force de résister au torrent.

Arrivés aux deux ressauts, il nous fallait grimper sur les épaules d'un homme placé au-dessous, saisir un long bâton dans les mains de celui qui était au-dessus, et ne s'appuyer partout que très superficiellement ; enfin, à force de précautions et de prudence, nous avons atteint le sommet du Vésuve sans accident grave, seulement nous étions méconnaissables, couverts de sueur, de cendres, de fumée, et épuisés de fatigue. Nos six compagnons qui n'étaient point descendus, nous revirent avec transport et nous prodiguèrent les rafraîchissemens dont nous avions grand besoin.

Une grande difficulté surmontée fait regarder comme nulles celles qui sont moindres. En moins de vingt-cinq minutes nous avons descendu le Vésuve ; nous y avons constaté cette observation, d'après l'examen de plusieurs pierres : c'est que le Vésuve est le seul volcan connu qui jette de son sein au-dehors des substances primordiales, sans qu'elles aient été altérées par le feu, telles qu'on les trouve aujourd'hui dans les bancs ou filons.

Nous arrivâmes à huit heures et demie du matin, au milieu des habitans de Portici, fort surpris de nous voir tous de retour sans le moindre accident. Leurs fruits délicieux, leur excellent vin de *Lacryma*

Christi eurent bientôt fait disparaître nos fatigues, et nous arrivâmes à Naples sains et saufs, et aussi gais que nous en étions partis. »

CÉLESTE.

Ce sont par conséquent les seules personnes qui aient jamais descendu dans le cratère de ce volcan?

M. VALMONT.

Ce sont du moins les seules qui l'ont tenté avec succès. Depuis l'éruption de 1779 qui a changé totalement les formes du Vésuve, aucun voyageur célèbre n'a tenté de pénétrer dans l'intérieur du foyer. Il était réservé à ces huit Français de hasarder cette périlleuse entreprise, et d'y réussir complètement, malgré la timidité de leurs guides, la prétendue impossibilité que les Napolitains y trouvaient, et les exemples cités de téméraires voyageurs qui y sont restés engloutis.

Leur expédition, qui ne pouvait être qu'un essai, a eu cette utilité de démontrer la possibilité d'arriver au cratère, d'en frayer le chemin aux physiciens, aux naturalistes, aux chimistes, qui en fouillant à loisir ce vaste fourneau de la nature, y trouveront des matières variées, sur lesquelles ils pourront, avec succès, appliquer les connaissances qu'ils auront acquises, faire des expériences, et en tirer des résultats utiles, sans doute, aux arts et aux sciences.

ÉMILE.

Je conçois que l'aspect de ces monts embrasés doit être quelque chose de noble, de majestueux, d'imposant; qu'ils doivent offrir à l'œil étonné un des plus beaux spectacles de la nature : c'est dommage qu'ils portent l'effroi et la désolation parmi les hommes.

M. VALMONT.

Les volcans, que le vulgaire regarde comme des fléaux terribles et destructeurs, garantissent de désastres bien plus grands encore; ils sont un préservatif des tremblemens de terre qui feraient éprouver au globe des ravages bien plus épouvantables. Lisbonne eût été en sûreté, si les feux souterrains rassemblés dans ses cantons avaient pu se faire jour et se porter librement au dehors. Si l'Etna et le Vésuve ne vomissaient leur bitume et leur lave dans des périodes réglées, il y a long-tems que la Sicile et le royaume de Naples ne seraient plus.

En France il y a une montagne qu'on peut regarder comme le Vésuve en petit : elle se trouve dans le département de l'Aveyron, près le village de Cransac; sa hauteur est d'environ quatre cents pieds. Pendant le jour, le feu n'est pas visible; mais dans l'obscurité de la nuit, la vapeur qui s'exhale du cratère la fait paraître tout en flammes : on l'appelle dans le pays, *la Montagne brûlante*.

En terminant son entretien, M. Valmont annonça à sa petite famille que le lendemain il lui donnerait, dans son jardin, le spectacle d'une petite éruption volcanique, en renfermant dans la terre un mélange de soufre et de limaille de fer, dont la fermentation, excitée par la seule chaleur du soleil, produirait une explosion à l'instar des grands volcans. L'annonce de cette explosion réjouit beaucoup les enfans, et leur fit désirer avec impatience la journée du lendemain.

QUATRIÈME ENTRETIEN.

GROTTES.

Le petit volcan préparé par M. Valmont avait, à l'heure de midi, produit son éruption, à la grande satisfaction de tous les spectateurs; car Émile et Céleste avaient invité plusieurs camarades à venir être témoins de cette expérience (1). Cela avait fait perdre un peu de tems pour l'étude; mais on le regagna dans le cours de la

_____

(1) Faites un mélange de parties égales de limaille de fer et de soufre pulvérisé, réduisez-le en pâte avec de l'eau, et enfouissez une quantité de cette pâte, comme une cinquantaine de livres, à un pied environ sous terre : si le tems est chaud, vous verrez, après une dixaine d'heures environ, la terre se boursouffler, se crever, et sortir des flammes qui agrandiront les ouvertures, et répandront à l'entour une poudre jaune et noirâtre.

journée, et les leçons n'en souffrirent point.

Depuis que M. Valmont avait désigné comme une récompense la petite lecture du soir, ses enfans, naturellement studieux, s'appliquaient encore davantage à bien remplir leur devoir. Le bon père ayant été satisfait, apporta sur la table le petit manuscrit. Des dessins curieux représentant différentes grottes naturelles, fixèrent l'attention des enfans. Oh, papa! s'écrièrent-ils, cela doit être bien intéressant? — Oui, mes enfans; ces productions merveilleuses ne sont pas ce qu'il y a de moins admirable parmi les ouvrages de la nature. Nous allons examiner ce qu'il y a de plus remarquable en ce genre dans diverses contrées. Commençons par la *Grotte de Fingal*, dans l'île de Staffa, en Écosse; nous en avons la gravure sous les yeux : vous voyez qu'elle représente une espèce de temple d'un aspect majestueux.

L'île de Staffa est fort petite (elle n'a qu'un tiers de lieue dans sa longueur, et dans sa largeur seulement un sixième); mais la nature l'a rendue digne de la curiosité des hommes; c'est un grand rocher volcanique. Toute l'extrémité sud-ouest de l'île est assise sur des rangées de colonnes naturelles, dont la plupart ont plus de cinquante pieds de hauteur; elles sont disposées en colonnades qui suivent les sinuosités des baies et des caps. Ces colonnades reposent sur une roche dure et informe; le sommet du couronnement est recouvert d'un peu de terre végétale, où il pousse seulement du gazon. Venons à la grotte.

Ce superbe monument d'un grand incendie souterrain qui se perd dans l'antiquité des tems, a un caractère d'ordre et de régularité si étonnant, qu'il est difficile à l'observateur le plus froid et le plus insensible aux phénomènes qui tiennent aux

révolutions du globe, de n'être pas singulièrement étonné à l'aspect de ce palais naturel qui semble tenir du prodige. L'esprit
se ferait difficilement l'idée d'un coup-d'œil
plus imposant que celui d'une arcade immense en profondeur, soutenue de chaque
côté par des rangs de colonnes, dont les
voûtes sont formées de tronçons de colonnes semblables, et entre les angles desquels s'est incrusté une sorte de mastic
jaune, qui sert à faire remarquer ces angles, en même tems qu'il en varie les tein-
tes de la manière la plus agréable. Cette
grotte est éclairée du dehors, et de l'entrée on en distingue parfaitement le fond.
L'air intérieur, continuellement agité et re-
nouvelé par le flux et le reflux de la mer,
est parfaitement salubre, et purgé de ces
vapeurs qui s'amassent ordinairement dans
les cavernes naturelles.

L'entrée de ce beau monument a trente-
cinq pieds d'ouverture, sa hauteur cin-

quante-six, et sa profondeur cent quarante. Les colonnes verticales qui composent la façade sont de la plus parfaite régularité; elles ont quarante-cinq pieds d'élévation jusqu'à la voûte. Le cintre est composé de deux demi-courbes inégales, et qui forment une espèce de fronton naturel. Le massif qui couronne le toît, ou plutôt qui le forme, a vingt pieds dans sa moindre épaisseur; c'est un composé de prismes d'un petit calibre, plus ou moins réguliers, affectant toutes sortes de directions, étroitement unis et cimentés en dessous et dans les joints par de la matière calcaire d'un blanc jaunâtre, et par des infiltrations zéolitiques, qui donnent à ce beau plafond l'aspect d'une mosaïque.

La mer pénètre jusqu'à l'extrémité de la grotte; et, sans cesse agitée, ses vagues se brisent et se divisent en écume, en frappant avec fracas contre le fond et les parois de la caverne. Le jour pénètre, en se dégradant, dans toute sa profondeur, avec des accidens de lumière d'un effet merveilleux. Le côté droit de l'entrée présente, à sa partie extérieure, un amphithéâtre assez vaste, formé par divers rangs de gros prismes tronqués, sur lesquels on peut facilement marcher. On peut entrer dans la grotte par le côté droit seulement, en suivant cette plate-forme; mais la voie se rétrécit, et la route devient bien difficile à mesure qu'on avance : car cette espèce de galerie intérieure, exhaussée de plus de quinze pieds sur le niveau de l'eau, n'est formée que de prismes tronqués, placés verticalement et plus ou moins élevés, entre lesquels il faut avoir l'adresse de choisir des passages, qui sont quelquefois si étroits et si glissans, à cause des suintemens, qu'il est très prudent de marcher pieds nus. A mesure qu'on avance, l'espèce de balcon hardi sur lequel on a cheminé, s'agrandit, et présente un emplacement assez vaste, disposé en plan incliné, formé par des milliers de colonnes verticales tronquées. On arrive ainsi à l'extrémité de la grotte, terminée par un mur de colonnes, d'un seul jet et d'une inégale grandeur, qui imitent un buffet d'orgues.

Que sont, auprès de ces monumens naturels, les palais et les temples bâtis de la main des hommes? de petits modèles et des jouets d'enfans; des imitations aussi mesquines que le seront toujours les ouvrages de l'art, comparés à ceux de la nature. La régularité, seule partie dans laquelle l'art se flattait de surpasser la nature, se trouve ici développée avec avantage.

Les habitans l'appellent *Grotte de Fingal*, parce qu'ils supposent que Fingal, père d'Ossian, y faisait son séjour. Cet amas de colonnes basaltiques a quelque chose de si merveilleux, que ces habitans, imbus des préjugés de leur mythologie, n'hésitent pas de croire que l'origine en est surnaturelle.

ÉMILE.

Comment ont-elles pu se former?

M. VALMONT.

Voici l'explication qu'en donnent les physiciens : il paraît que toutes ces masses ont été anciennement en fusion après l'éruption d'un volcan, et que, subitement refroidies par les eaux de la mer, il s'y est fait des crevasses qui les ont divisées en plusieurs couches, et surtout en une innombrable quantité de colonnes à quatre, cinq ou six pans.

Parlons maintenant de la *Grotte de Castleton*, en Angleterre. Son entrée présente un aspect si hideux, qu'on l'a nommée *le Cul du diable*. Cette grotte est située au pied d'un grand escarpement formé par la

nature sur la croupe d'une montagne coupée à pic, au-dessus de laquelle est un
vieux château, bâti, dit-on, du tems d'É-
douard surnommé *le Prince Noir*. L'entrée
principale a cent vingt pieds anglais de largeur sur quarante de hauteur : pour pénétrer dans cette caverne, il faut un guide.
Un voyageur français (Faujas-Saint-Fond)
l'a visitée, et nous en a donné la description suivante :

« Nous entrâmes d'abord dans le premier vestibule; il a quarante-deux pieds
de hauteur, cent vingt de largeur, et deux
cent soixante-dix de profondeur. La clarté
dans ce vaste emplacement conserve sa
force à l'entrée, s'affaiblit graduellement
à mesure que les voûtes s'enfoncent, ou
que les avant-corps forment des saillies
plus ou moins avancées. Cet effet est d'autant plus piquant, que ce tableau est
animé par deux ateliers, l'un de corderie,
l'autre de lacets et de rubans de fil, éta-

blis dans l'intérieur du vestibule. Tout est en action, tout est en mouvement dans ce lieu en apparence si solitaire. L'on voit, d'une part, de jeunes filles tourner des roues plus ou moins grandes, ployer des rubans, dévider et chanter en même-tems, tandis que des hommes filent des cordes, façonnent des cables ou les arrangent en cercle. Ce qu'il y a de bien extraordinaire encore, c'est que deux maisons, en face l'une de l'autre, sont construites dans cet antre souterrain; qu'elles sont isolées et nullement appuyées contre le rocher; qu'elles ont des toits, des cheminées, des portes et des fenêtres, et qu'elles sont habitées par plusieurs ménages.

» Hall, notre conducteur, après avoir distribué à chacun de nous un flambeau allumé, ouvrit la porte d'une galerie souterraine placée au fond du vestibule, et nous engagea à le suivre dans le labyrinthe ténébreux dont il s'empressa de tenir le fil. Le chemin ne nous parut d'abord ni agréable ni facile ; on pouvait se tenir debout et à l'aise dans quelques parties ; dans d'autres la voûte était si surbaissée, qu'il fallait marcher courbé pour ne pas se blesser contre les inégalités du rocher. Cette première galerie a quatre cent cinquante pieds de longueur. On y trouve du sable amoncelé, formant une petite dune oblongue, mais peu élevée. Hall, attentif aux plus légères circonstances, ne manqua pas de nous faire admirer ce sable, et de nous dire qu'il était l'ouvrage de l'eau ; que cette eau venait d'un étang souterrain que nous allions bientôt rencontrer, et qu'elle grossissait après des pluies abondantes, et entraînait ce sable en rendant la grotte inaccessible dans ces tems de débordement.

» Notre guide nous entretenait, chemin faisant, et avec des gestes expressifs, de la rapidité du courant, de l'élévation de l'eau, de sa qualité, du bruit qu'elle produisait, lorsqu'un petit lac, sur lequel flottait une nacelle, interrompit tout-à-coup notre route. Ce lac, qui n'avait guère que trois pieds de profondeur, est encaissé dans le roc vif, et se prolonge sous une voûte très basse, dont nous ne pouvions pas voir l'issue. Il fallut s'arrêter ici.

» Nous étions autour de cette eau, et la lumière de nos torches d'où s'exhalait une fumée noire, se peignait dans le fond du lac avec nos pâles images; il nous semblait voir alors une troupe d'ombres sortant d'un abîme profond pour venir au-devant de nous : l'illusion était frappante. Cet amas d'eau a quarante-huit pieds de largeur dans cette partie : c'est ce que Hall appelle la *première eau*. Il nous avertit qu'il fallait la traverser un à un dans le petit canot, en s'y tenant couché, afin de pouvoir passer sous la voûte, qui est fort basse et fort étroite, mais en nous assurant en

» En avançant un peu, on entre dans la grande caverne, appelée *le Presbytère.* Les voûtes en sont élevées; l'on voit à leur naissance diverses cavités qui imitent des portes et des fenêtres gothiques. De grandes et larges stalactites (1) semblent se déployer ici en manière de draperies et de rideaux, et descendent du haut des voûtes sur des parties saillantes de rochers d'un effet très piquant. Le pavé sur lequel on marche est assez égal; c'est le rocher en nature, recouvert de tems en tems de quelstalagmites : on se croit ici dans une immense église gothique.

» A mesure que l'on entre, le conducteur fait signe à tous avec la main, et d'un

---

(1) On appelle *stalactites* des congélations produites par des gouttes d'eau qui tombent de la voûte des grottes, se pétrifient et forment différentes figures; elles sont transparentes comme l'eau, souvent pyramidales, différentes en cela des *stalagmites,* qui sont opaques et toujours rondes. Ces dernières sortent des parois latérales ou du sol des grottes.

geste expressif, de garder le silence, comme
pour inspirer du respect; il recommande
surtout à chacun, et à voix très basse, de
ne regarder derrière soi que lorsqu'il en
sera tems et lorsqu'il avertira. Il réunit
alors son monde en groupe, se met en
avant en les regardant en face, et marche
à reculons, comme s'il commandait l'exer-
cice. Il ne cesse alors de faire des gestes
et des signes pour occuper lui seul toute
l'attention. Il prie la compagnie de porter
toujours la vue sur lui, de peur qu'on ne
soit tenté de regarder derrière soi. Enfin,
lorsqu'on est arrivé de cette manière presqu'à l'extrémité de cette caverne, il arrête
son monde. On entend alors des voix douces et harmonieuses qui partent du haut
des voûtes; on tourne involontairement la
tête pour voir d'où viennent ces voix an-
géliques, et l'on aperçoit derrière soi dans
le lointain, et dans une niche naturelle
creusée dans le rocher, à quarante-huit

pieds de hauteur, cinq figures vêtues de blanc, immobiles comme des termes, tenant une lumière à chaque main, et chantant en partie un air superbe et mélodieux, sur des paroles de Shakespeare.

» On voit que Hall faisait jouer les grandes machines en notre faveur; il était ravi de notre surprise, et triomphait de notre étonnement. En effet, cette scène inattendue fit une impression très vive et en même tems très agréable sur nous : elle avait un caractère touchant et mélancolique, qui tenait moins, peut-être, au chant et aux paroles, qu'au lieu profond et reculé qui nous séparait du reste de la nature. Ils entendaient merveilleusement leurs affaires, ceux qui dans les anciennes initiations, avaient eu l'adresse de choisir des antres pareils : ce n'était jamais que dans des antres souterrains que l'on procédait aux grands mystères.

» Après avoir entendu nos chanteuses,

nous nous remîmes en route et marchâmes en avant dans une galerie profonde. Nous venions d'entendre des anges ; il fallut faire un petit tour en enfer , et notre maître de cérémonies, Hall, nous introduisit dans ce qu'on appelle le *Collier du Diable.* On y voit une multitude de noms écrits contre les murs. A peine a-t-on quitté ce lieu, qu'on se trouve tout-à-coup sur une colline de sable quartzeux ; là il faut descendre par un chemin rapide qui a cent cinquante pieds de longueur, et qui s'enfonce de plus de quarante pieds sous terre. A côté de ce chemin sablonneux, et dans toute sa longueur, est une excavation profonde , une espèce de canal creusé par la nature dans le roc vif ; un grand courant d'eau qui prend sa source dans les parties plus lointaines, y coule en murmurant, et va se perdre ensuite dans des cavités où elle s'engouffre avec fracas. Nous passâmes ensuite sous ce qu'on appelle *les*

Arcades, ainsi nommées, de ce que le rocher forme ici trois différentes voûtes disposées en arcs de cercle s'abaissant en manière d'arches de pont.

» Un peu au-delà l'on entend dans le lointain le bruit d'une cascade, et l'on voit une masse pyramidale de stalagmites, qui porte le nom de *clocher de Lincoln.* C'est ici où finissait autrefois la grotte ; mais l'on découvrit, il y a quelques années, une galerie nouvelle qui se prolonge à quatre cent quatre-vingt-douze pieds : nous la suivîmes jusqu'à son extrémité. La rivière reparaît ici, et sort d'une voûte naturelle aussi bien faite que si c'était l'ouvrage de l'art ; mais elle devient si étroite et s'abaisse si fort dans le fond, qu'il n'y a plus de possibilité d'y pénétrer. C'est à l'entrée de cette espèce d'aqueduc qu'on trouve plusieurs noms gravés dans le rocher : nous y distinguâmes ceux du chevalier *Banks,* de *Solander,* et celui d'*Omaï* (habitant d'une des îles de la mer du Sud), qui avait accompagné ces savans dans ce voyage souterrain.

» La longueur totale de la grotte, depuis l'entrée jusqu'à la partie où sont les noms, est au moins de deux mille sept cent quarante-deux pieds. Nous fîmes ce voyage, qui dura plusieurs heures, sans le plus léger accident, et nous revînmes de même. »

CÉLESTE.

Ces grottes sont bien curieuses, et, malgré l'effroi que doivent inspirer certains passages, je serais bien contente de les visiter.

M. VALMONT.

Il en existe en France que je vais vous faire connaître, et qui sont aussi très curieuses ; mais, auparavant, visitons la *Grotte d'Antiparos* et la *grotte du Chien*. La petite île d'Antiparos est un écueil de seize milles de tour ; elle ne tint aucun rang jusqu'au moment où l'on découvrit la belle grotte qu'elle renferme. C'est M. de Nointel, ambassadeur français à la Porte, qui la fit connaître le premier en Europe. Il y descendit en 1673, accompagné d'un grand nombre de personnes, et fit célébrer la messe dans la salle qui termine cet immense souterrain. Voici la description qu'en a donnée Tournefort :

« Une caverne rustique se présente d'abord, large d'environ trente pas, voûtée en arc surbaissé. Ce lieu est partagé en deux par quelques piliers naturels; entre les deux piliers est un petit terrain en pente douce. On avance ensuite jusqu'au fond de la caverne par une pente plus rude, d'environ vingt pas de longueur : c'est le passage pour aller à la grotte, et ce passage n'est qu'un trou fort obscur, par lequel on ne saurait entrer qu'en se baissant, et où l'on ne voit que par le secours des flambeaux.

» On descend d'abord dans un précipice horrible, à l'aide d'un câble que l'on prend la précaution d'attacher tout à l'entrée. Du fond de ce précipice on se coule, pour ainsi dire, dans un autre bien plus effroyable, dont les bords sont fort glissans, et qui répondent sur la gauche à des abimes profonds. On place sur les bords de ces gouffres, une échelle, au moyen de laquelle on franchit un rocher tout-à-fait taillé à plomb. On continue à glisser par des endroits un peu moins dangereux; mais dans le tems qu'on se croit en pays praticable, le pas le plus affreux vous arrête tout court, et on se casserait la tête si l'on n'était averti et retenu par les guides. Les nôtres avaient pris soin d'y apporter une échelle. Pour y parvenir, il fallut se couler sur le dos le long d'un grand rocher; et sans le secours d'un câble qu'on y avait attaché, nous serions tombés dans des fondrières horribles. Quand on est arrivé au bas de l'échelle, on se roule encore quelque tems sur des rochers, tantôt couché sur le dos, tantôt sur le ventre.

» Après tant de fatigues, on entre enfin dans cette admirable grotte. Les gens qui nous conduisaient comptaient cent cinquante brasses de profondeur depuis la caverne jusqu'à *l'autel*, et autant depuis cet autel jusqu'à l'endroit le plus profond où l'on puisse descendre. Le bas de cette grotte, sur la gauche, est fort scabreux; à droite, il est assez uni, et c'est par là qu'on passe pour aller à l'autel. Dans ce lieu, la grotte paraît haute d'environ deux cents pieds sur deux cent cinquante de large. La voûte est assez bien taillée, relevée en plusieurs endroits de grosses masses arrondies, les unes hérissées en pointes, les autres bossuées régulièrement, d'où pendent des grappes, des festons et des lances d'une longueur surprenante.

» A droite et à gauche sont des tours cannelées, vides la plupart, comme autant de cabinets pratiqués autour de la grotte. On distingue parmi ces cabinets un gros pavillon formé par des productions qui représentent si bien les pieds, les branches et les têtes des choux-fleurs, qu'il semble que la nature nous ait voulu montrer par-là comment elle s'y prend pour la végétation des pierres. Toutes ces figures sont de marbre blanc (Tournefort se trompe, elles sont d'albâtre) transparent et cristallisé. Sur la gauche, un peu au-delà de l'entrée de la grotte, s'élèvent trois ou quatre piliers ou colonnes de marbre (d'albâtre), plantés comme des troncs d'arbres sur la crête d'une petite roche. Le plus haut de ces troncs a six pieds huit pouces sur un pied de diamètre presque cylindrique. Il y a sur le même rocher quelques autres piliers naissans : j'en examinai un qui était cassé ; il représente véritablement le tronc d'un arbre coupé en travers.

» Au fond de la grotte, sur la gauche, se présente une pyramide bien plus surprenante, qu'on appelle *l'autel,* parce que M. de Nointel y fit célébrer la messe. Cette pièce est tout isolée, haute de vingt-quatre pieds, semblable en quelque manière à une tiare relevée de plusieurs chapitaux cannelés dans leur longueur et soutenus sur leurs pieds, d'une blancheur éblouissante, de même que tout le reste de la grotte. Cette pyramide est peut-être la plus belle plante de marbre (d'albâtre) qui soit au monde. Les ornemens dont elle est chargée sont tous en choux-fleurs, c'est-à-dire, terminés par de gros bouquets, mieux finis que si un sculpteur venait de les quitter. Au bas de l'autel il y a deux demi-colonnes, sur lesquelles nous posâmes des flambeaux pour éclairer ce lieu et le considérer à loisir.

» Pour faire le tour de la pyramide, on passe sous un massif ou cabinet de congélations, dont le derrière est fait en voûte de four. La porte en est assez basse ; mais les draperies des côtés sont des tapisseries d'une grande beauté, et plus blanches que l'albâtre : nous en cassâmes quelques-unes, dont l'intérieur nous parut comme de l'écorce de citron confite. Du haut de la voûte qui répond sur la pyramide, pendent des festons d'une longueur extraordinaire, lesquels forment, pour ainsi dire, l'attique de cet autel.

» M. de Nointel passa les trois fêtes de Noël dans cette grotte, accompagné de plus de cinq cents personnes. Cent grosses torches de cire et quatre cents lampes y brûlaient jour et nuit. L'ambassadeur coucha presque vis-à-vis de l'autel, dans un cabinet long de sept à huit pas taillé naturellement dans une de ces grosses tours dont on vient de parler. A côté de cette tour se voit un trou par où l'on entre dans un autre caverne; mais personne n'osa y descendre. »

ÉMILE.

J'admire en effet les voyageurs qui se hasardent les premiers au fond de ces cavernes pour en connaître les localités. Le premier qui fit le trajet de la *première* à la *seconde eau,* dans la grotte de Castleton, fut nécessairement un homme de courage, car il ignorait s'il ne serait pas entraîné dans quelque gouffre, et perdu à jamais.

M. VALMONT.

Dans ces sortes d'occasions, les voyageurs ne sont pas seuls; celui qui va à la découverte se fait attacher par lo corps, et ses compagons de voyage sont attentifs à le retirer au premier signal convenu. Mais, en général, les voyageurs sont des hommes intrépides qui ne craignent pas d'exposer leurs jours pour faire de nouvelles découvertes : ils sont quelquefois victimes de leur amour pour les sciences. Mungo-Park, Cook et Lapeyrouse ont illustré leur nom par leurs voyages et leur fin tragique. Dans leur infortune, ces hommes courageux ont eu du moins l'assurance que leur mémoire ne périrait point.

Vous venez de voir qu'on a dit la messe dans la grotte d'Antiparos, mais il en est qui servent absolument d'église. Auprès de la ville de Morteau, il y en a une de ce genre; on n'y a pas mis d'autre façon qu'une muraille pour fermer la grotte, et qui sert de portail, où l'on a pratiqué une porte, deux fenêtres, avec un œil-de-bœuf; enfin, un petit clocher qui s'enfonce dans le rocher. On a adapté une espèce de plancher dans l'intérieur de l'église, mais c'est le roc qui sert de voûte ou de plafond.

La *Grotte du Chien*, près de Naples, n'a rien de curieux comme grotte; c'est une excavation dans le rocher, où l'on peut tenir trois personnes. La nature seule du terrain en fait la célébrité; il repose sur un vaste foyer de soufre qui exhale une vapeur très forte. Un homme peut entrer impunément dans cette grotte, parce que sa tête, élevée au-dessus des émanations méphytiques, respire un air peu vicié; mais les chiens et autres petits quadrupèdes se trouvant à la hauteur où la vapeur est le plus forte, y sont immédiatement suffoqués. Les gardiens de cette grotte sont pourvus d'une certaine quantité de chiens attachés, qu'ils sont prêts à sacrifier pour les personnes qui veulent en payer l'expérience.

CÉLESTE.

Je suis fâchée que l'on sacrifie un animal aussi bon, aussi caressant que le chien, pour examiner l'effet que produit l'air de ce lieu.

M. VALMONT.

Rassure-toi, mon enfant ; en ne le laissant pas mourir, l'expérience en est plus curieuse. Le pauvre animal, qui paraît avoir un pressentiment du danger qu'il va courir, cherche à demander grâce par la tristesse de ses regards et par ses caresses. L'impitoyable gardien le pousse dans la grotte ; la vapeur qu'exhale la terre en cet endroit, agit bientôt sur ce pauvre chien : il enfle, se raidit, a des convulsions, perd le mouvement et va expirer.... Le gardien le prend alors et l'expose à l'air ; un instant après, il court et mange comme à l'ordinaire.

J'ai vu dans les environs de Grenoble un terrain d'où s'échappe de l'air inflammable imprégné de particules sulfureuses. Les paysans qui vous servent de guides pour arriver dans cet endroit, ont soin d'emporter des œufs, et pour augmenter votre surprise, ils font cuire une omelette sur ces flammes légères. Mais venons aux grottes les plus curieuses que l'on trouve en France.

Au village d'*Arcy*, on voit une grande arcade, par laquelle on entre dans une grotte qui a environ trois cents toises de longueur, sur huit à dix de largeur. Toute la voûte de cette grotte est ornée de congélations; quelques-unes descendent jusqu'à terre, se joignent plusieurs ensemble et font des ressemblances d'hommes, d'animaux, de poissons, de fruits, etc. Ce qu'on y remarque encore de plus curieux, ce sont quelques tubes calcaires, de cinq à six pieds de haut, et de huit à dix pouces de diamètre, creux dans l'intérieur, et rangés les uns auprès des autres comme des tuyaux d'orgues. Quand on frappe ces tuyaux avec un bâton, il en sort des sons différens, que répercutent agréablement les échos de ces grottes.

A deux lieues de Ripailles en Chablais, dans des rochers affreux, et au milieu d'une forêt d'épines, se trouvent trois grottes l'une sur l'autre, taillées à pic par les mains de la nature dans un rocher inabordable. On n'y peut monter que par une échelle, et il faut s'élancer ensuite dans ces cavités, en se tenant à des branches d'arbres. Cet endroit est appelé par les gens du pays *les Grottes des Fées*. Chacune a dans le fond un bassin. L'eau qui distille des voûtes de la plus haute y a formé la figure d'une poule qui couve. A côté est une concrétion qui ressemble parfaitement à un morceau de lard avec sa couenne, de la longueur de près de trois pieds. Dans le bassin se trouvent des figures de pralines, telles qu'on en fait chez les confiseurs, et à côté la forme d'un rouet à filer avec sa quenouille.

— Voilà un intérieur de grotte très curieux à voir, dirent à la fois Émile et Céleste.

M. VALMONT.

Un antre intérieur non moins curieux à voir est celui de la *Grotte de Policando*, une des îles de l'archipel de la Grèce. Parmi les congélations qu'elle renferme, on en trouve beaucoup d'une espèce de mine de fer, qui ont la forme d'une étoile, et sont brillantes comme des diamans. On voit de grandes masses de corps ronds, pendant à la voûte comme des raisins, et les mêmes grappes s'étendent en espèce de gâteaux plats sur les murs. Quelques-unes sont rouges et obscures, d'autres d'un noir foncé, mais parfaitement luisantes et éclatantes. Ajoutez que quelques unes de ces congélations sont dorées naturellement, d'une manière aussi régulière que si elles sortaient des mains du plus habile ouvrier, et vous jugerez de l'élégance de cette grotte. « Une circonstance particulière, dit un voyageur, me donna pendant quelques momens des espérances bien flatteuses. J'avais été frappé de l'élégance d'une grande croûte de congélation noire, adhérente à une portion du rocher un peu plus haute que ma tête ; en l'arrachant, je fus aveuglé par un nuage de poussière qui suivit. La première chose qui se présenta à mes yeux, quand je pus les ouvrir, fut cette même poussière qui continuait de tomber sur le plancher, où elle avait déjà formé un tas assez considérable : je crus que c'était de la poudre d'or. Je ne fus plus embarrassé pour expliquer ce qui m'avait paru si singulier d'abord, la dorure de la superficie de quelques-unes de ces congélations.

» Je m'imaginais avoir trouvé une mine, et je cherchais déjà les moyens d'en pouvoir tirer parti ; mais mon compagnon, qui avait de l'expérience, me tira bientôt de cette vision : il m'assura qu'une pleine charrette de cette poudre brillante ne contenait pas un seul grain d'or. En l'examinant de près, nous n'y trouvâmes autre chose qu'un amas de paillettes cassantes d'un talc jaune, qui se réduisirent en poussière en les roulant sous les doigts. En même tems il me consola de la honte de m'être trompé, en m'assurant qu'on avait amené des Indes occidentales un vaisseau chargé de cette matière, dans la croyance que c'était de l'or. »

ÉMILE.

C'est vraisemblablement cette même poussière que nous employons pour mettre sur l'écriture?

M. VALMONT.

Précisément; vous voyez qu'elle ne coûte rien que les frais de transport. Je vais vous parler maintenant de la *Grotte des Demoi-selles*, qui est un des magnifiques ouvra-ges de la nature. Elle est située dans un bois aux environs de Ganges, département de l'Hérault ; le peuple qui l'appelle *la Bauma de las Doumaisellas*, en raconte mille merveilles. Un voyageur français, (M. Soulavie) se réunit à d'autres curieux, et ils entreprirent de la visiter dans toutes ses parties ; munis d'échelles de cordes', de flambeaux, de vivres, ils partirent le 7 juin 1780 pour cette expédition souter-raine, et arrivèrent à la cime du roc es-carpé. L'ouverture, en forme d'entonnoir, a environ vingt pieds de diamètre et trente de profondeur ; cette ouverture est om-bragée de plantes, d'arbres, de vigne sau-vage.

« Une corde tendue et accrochée à un rocher nous permit, dit M. Soulavie, de descendre, en nous y tenant fortement, jusqu'à l'endroit où l'en fit tomber une

échelle de bois qui se trouva assez solide-
ment établie. Cette difficulté vaincue,
nous nous sommes trouvés à l'entrée de
la première salle. Cette entrée va en descendant ; elle est couverte de capillaires.
A droite est une espèce d'antre qui ne mène
pas loin ; en face se voient quatre magnifiques piliers naturels, de trente pieds de
haut, qui séparent en deux cette première
salle. » Là, les voyageurs allumèrent des
flambeaux, renonçant à la clarté du jour
pour long-tems, et pénétrèrent dans une
seconde salle en descendant par un passage fort étroit, où le corps ne pouvait aller que de côté : cette descente est d'environ vingt pieds. Dans cette seconde salle
on voit un rideau de congélations d'une
hauteur qu'on ne peut mesurer, parsemé
de brillans, plissé avec grâce, et touchant
la terre de sa pointe, comme s'il avait été
drapé par un habile artiste. On aperçoit
aussi des cascades pétrifiées, blanches

comme l'émail; d'autres jaunâtres, qui semblent tomber en vagues amoncelées; plusieurs colonnes, les unes tronquées, d'autres en obélisques. La voûte est chargée de festons et de lances, les unes transparentes comme du verre, les autres blanches comme de l'albâtre, etc. L'assemblage de ces objets remplit nos voyageurs d'admiration.

Sur la gauche on trouve une troisième salle assez large, et surtout fort longue. De là on entre sous une petite voûte écrasée, où l'on ne peut marcher que courbé; on appelle cette voûte *le Four*, à cause de sa forme ronde et basse. Elle communique dans une salle assez grande, où l'on ne voit autre chose que des rochers renversés, brisés, roulés, suspendus, qui annoncent des convulsions violentes dans le sein de la terre. Tout est triste, lugubre dans cette caverne, et l'on en sort promptement, dans la crainte de voir se déta-

cher une de ces énormes pierres qui semblent menacer votre tête.

Ces salles souterraines étaient connues
dans le pays. Les voyageurs voulurent
pousser plus loin leurs découvertes, ils
arrivèrent à un passage étroit, où l'on ne
pouvait avancer qu'en rampant. Ce trou
conduit à une petite pièce où peuvent tenir une douzaine de personnes. Derrière
trois petits piliers, se trouve un réservoir
dont l'eau était sale et bourbeuse. Des
chauves-souris habitaient ce réduit, où
l'on voit des cristallisations en forme de
plantes, blanches et brillantes, et qui con-
trastaient avec le fond noir sur lequel elles
étaient appliquées. Cette salle est ouverte
par le côté opposé à son entrée. Par cette
ouverture, on apercevait un espace dont
l'œil ne pouvait saisir l'étendue, et, pour
pénétrer dans cette profondeur, un rocher
taillé à pic, de cinquante pieds, formait
le premier escalier à descendre; une pierre

jetée dans ce précipice horrible mettait un tems assez considérable dans sa chute ; on l'entendait sauter et rouler de rocher en rocher, puis on ne l'entendait plus.

Nos voyageurs, d'abord intimidés par l'horreur de cet abîme, puis encouragés par l'espoir d'une découverte, affrontèrent le danger, et tentèrent de s'y laisser couler par une échelle de corde. Leurs tentatives furent longues, pénibles et très périlleuses ; mais, sentant que les moyens leur manquaient, que leurs machines étaient insuffisantes, ils ajournèrent leur expédition.

Le 15 juillet suivant, ils vinrent en plus grand nombre, munis de tous les outils, instrumens, vivres, dont le premier voyage leur avait fait connaître la nécessité. Arrivés à l'ouverture où ils étaient restés la première fois, ils se hasardent à descendre dans ce gouffre. Après s'être laissés glisser le long des cordes et le long d'une pièce

de bois; après des travaux et des dangers
considérables, ils se trouvent enfin dans
une vaste salle dont le sol est affermi. A
chaque pas, des stalactites de toutes les
formes, des congélations bizarres ou régulières, blanches comme la neige, dures
comme le marbre, les étonnent et les ra-
vissent en admiration. D'abord c'est un autel blanc comme la plus belle porcelaine,
haut de trois pieds, d'un ovale parfait,
avec des marches régulières; plus loin,
quatre colonnes torses jaunâtres, mais
transparentes en plusieurs endroits : leur
grosseur est telle que quatre hommes ne
peuvent les embrasser; leur hauteur ne
peut s'estimer. Nous avons supposé, disent les voyageurs, qu'elles touchaient à
la voûte, mais nous n'avons pu nous en
assurer.

Cette salle ronde peut être comparée à
une vaste basilique entourée de chapelles
plus ou moins élevées: les voyageurs l'ont

jugée grande à peu près comme la moitié de Ganges. Le milieu est un dôme dont l'élévation est d'environ cinquante toises. Dans plusieurs autres petites salles qui sont adjacentes, la terre est noire, et l'on y enfonce. Il en est une remarquable qui, ayant un pilier au milieu, ressemble parfaitement à une salle de manége. « Nous étions entourés, dit M. Soulavie, d'une quantité si prodigieuse d'objets, qu'elle nous plongeait dans une admiration muette et stupide. Entre autres, un obélisque aussi haut qu'un clocher, terminé en aiguille, parfaitement rond, de couleur roussâtre, ciselé dans toute son élévation, et dans les proportions les plus exactes; des masses aussi grosses que des églises, tantôt en forme de cascades, tantôt imitant des nuages; des piliers brisés en toutes directions, des choux-fleurs, des dragées, tout ce que le hasard peut offrir de combinaisons variées.

» Une tête de mort fut le seul objet qui troubla notre ivresse; nous fûmes très-embarrassés de concevoir par où cet être malheureux avait pu pénétrer dans cette grotte, puisque nous n'y étions entrés qu'en faisant jouer la mine....»

CÉLESTE.

Ah, mon Dieu! ce malheureux aura pénétré par une issue que quelques roches, en se détachant, auront ensuite fermée?

M. VALMONT.

Les voyageurs pensèrent que l'eau qui inonde ce souterrain tous les hivers, avait apporté avec elle cette tête.

Une des merveilles de cette grotte est une statue colossale, posée sur un piédestal, représentant une femme qui tient deux enfans. «Ce morceau serait digne du plus grand souverain de l'Europe, dit

M. Soulavie, si, hors de la place où il est, il conservait la forme que nous lui avons trouvée très distinctement, et sans nous faire la moindre illusion. Cette statue de femme se voyait de plusieurs endroits; ce n'était point un effet de l'imagination : la ressemblance frappa tous ceux qui nous accompagnaient; ce ne fut qu'un même cri, qu'une même admiration. »

Partout dans ce vaste souterrain on voit des franges, des rideaux, des baldaquins, des enduits d'émail et de cristal, des dentelles, des rubans si délicatement travaillés, qu'il faut savoir que jamais l'homme n'a pénétré dans ces profondeurs, pour croire que ce ne sont pas les ouvrages d'un artiste. Les voyageurs admirèrent aussi un portique qui leur parut avoir quarante pieds de haut, sur vingt de large. Derrière on apercevait deux files de stalactites alignées, qui forment une galerie dont ce portique est l'entrée. Ce fut près de ce lieu, et au plus profond de la grotte, que les voyageurs placèrent une bouteille bien scellée, qui renfermait le procès-verbal de leur descente, et une boîte de fer-blanc qui contenait leurs noms. Près du portique ils attachèrent aussi une plaque de plomb où les mêmes noms étaient gravés.

ÉMILE.

Ce portique est une production bien singulière de la nature !

M. VALMONT.

Il y a un monument de ce genre, bien plus extraordinaire : sur une crête de la rive orientale de la Loire, on voit un temple dont l'extérieur est si beau, si majestueux, qu'on est tenté de le regarder comme l'ouvrage des hommes, tandis que la nature seule en a fait les frais. Cet édifice présente une façade de cent quatre-vingts pieds de haut, sur trente de large, ornée d'un grand nombre de colonnes, avec un fronton magnifique et un péristyle qui s'enfonce à perte de vue dans l'intérieur. On y voit un bateau énorme en pierre, où tout est si bien imité, qu'on ne peut se familiariser avec l'idée que l'art est étranger à sa formation, comme à la construction du temple. Le tout a été formé lors d'une éruption de la *montagne de Maclaux*, qui se trouve près de là, par un courant de lave qui a descendu vers la Loire. La transformation de cette lave en un édifice aussi régulier, est un de ces jeux de la nature que l'on ne peut considérer autrement que comme une merveille.

Je dois aussi vous parler d'une autre production étonnante, de la fameuse *chaussée des Géans*, qui se trouve en Irlande, dans le comté d'Antrim, sur le bord de la mer. Sa longueur est d'environ six cents pieds; sa plus grande largeur est de deux cent quarante pieds, et cent vingt dans les endroits les plus étroits. Sa hauteur est aussi très inégale; elle est de trente-six pieds au-dessus du rivage dans sa plus grande élévation, et de quinze dans celle qui est la plus basse. Cette merveilleuse chaussée est composée de plusieurs milliers de colonnes de basalte, espèce de cristallisation qui est du plus beau noir. Ce qui forme un coup-d'œil unique, c'est que dans un très grand espace ces colonnes sont d'une égale hauteur, en sorte que leurs sommets forment une surface plane et entièrement unie : ces piliers sont très serrés les uns contre les autres.

CÉLESTE.

Pourquoi lui a-t-on donné le nom de *chaussée des Géans*?

M. VALMONT.

Parce qu'on a prétendu qu'elle était

l'ouvrage d'une race de géans, dont Finma-Cool, célèbre héros de l'antique Hibernie, était le chef; mais c'est tout simplement le produit de feux souterrains.

En France, l'ancien volcan de Chenavari, près du bourg de Rochemaure, sur la rive droite du Rhône, à une lieue de Montélimart, offre un coup-d'œil aussi singulier. Une colonnade immense sert de soutien et de rempart au plateau de cette montagne. Ainsi, l'on voit des milliers de prismes noirs, rangés sur une pente les uns auprès des autres, de diverses hauteurs et épaisseurs, mais ayant pour la plupart quarante pieds d'élévation. Ils occupent un espace de six cents pieds, et sont recouverts de masses irrégulières de basalte. En différens endroits, les prismes basaltiques, dont les extrémités sont étroitement unies, forment, par leur réunion, des pavés en mosaïque. On appelle cette production singulière le *pavé* des Géans *de Chenavari,* sans doute à cause de sa ressemblance de conformation avec la chaussée *des Géans* du comté d'Antrim.

M. Valmont termina ici sa lecture; il ferma le manuscrit, et annonça à sa petite famille qu'il la menerait le lendemain à Montmartre, dîner dans l'arbre, comme il le leur avait promis lors du premier entretien.

CINQUIÈME ENTRETIEN.

MONTAGNES, ROCHERS, MINES.

M. Valmont s'acheminait avec sa petite famille vers le village de Montmartre ; les enfans, qui d'abord avaient couru rapidement jusqu'au milieu de la montagne, gravissaient alors avec peine pour atteindre le sommet. « Ce mont est bien élevé, répétait la petite Céleste. — Ma fille, dit en souriant M. Valmont, ces hauteurs que vous appelez *montagnes*, méritent à peine le nom de *buttes*, si nous les comparons à ces monts dont la cime se perd dans les nues, tels que les *Alpes*, les *Pyrénées*, et surtout ces fameuses montagnes du Pérou, qu'on nomme les *Andes* ou *Cordillières*.

ÉMILE.

Ton petit manuscrit doit faire mention
de ces beaux monumens de la nature?

M. VALMONT.

Sans doute : je l'ai apporté, et, tout en
nous reposant là-haut, nous jetterons un
coup-d'œil sur la description de ces sites
merveilleux. Je vous ai déjà parlé de l'utilité
des montagnes comme réservoirs des eaux;
elles sont encore très utiles pour la généra-
tion des métaux et des minéraux; elles sont
fort avantageuses aux hommes, en les mettant à l'abri des bouffées froides et piquan-
tes des vents du nord et de l'orient, en leur
envoyant par réflexion les rayons bienfai-
sans du soleil; elles servent aussi pour la
production d'une grande variété de plantes et d'arbres : les herbes et les racines qui
y croissent sont meilleures que celles des

plaines, et servent en partie pour la méde-
cine. C'est des montagnes de la Suisse que
nous vient cet excellent vulnéraire dont
votre mère vous fait prendre une infusion,
lorsqu'en jouant ou en tombant, vous vous
donnez quelques coups à la tête, ce qui
n'arrive que trop souvent. Faites attention
ici à ne pas courir étourdiment, car vous
voyez ces ravines, où vous pourriez rouler
quoique cela ne soit rien en comparaison
des profonds abîmes que l'on rencontre
dans les Alpes, elles sont plus que suffi-
santes pour briser celui que son imprudence y précipiterait.

Arrivés au sommet, les enfans admirèrent le tableau qui se déployait à leurs regards. De cette éminence, l'œil embrasse
l'immense étendue de la capitale; cette
vaste étendue d'édifices offre le tableau le
plus imposant, et fait un contraste étonnant avec les campagnes qui l'entourrent.

Après s'être assis sur un tertre de gazon ombragé par des tilleuls, les enfans exprimèrent toute la joie que leur procurait cette promenade. La variété du spectacle qu'ils avaient sous les yeux tenait, pour ainsi dire, leur âme en suspens; ils se trouvaient dans une situation délicieuse.

Mes enfans, leur dit M. Valmont, c'est une impression générale qu'éprouvent tous les hommes, quoiqu'ils ne l'observent pas tous, que sur les montagnes, où l'air est pur et subtil, on se sent plus de facilité dans la respiration, plus de légèreté dans le corps, plus de sérénité dans l'esprit. Les méditations y prennent un caractère de grandeur proportionné aux objets qui nous frappent; on dirait qu'en s'élevant au-dessus du séjour des hommes, on y laisse tous les sentimens bas et terrestres, et qu'à mesure qu'on approche des régions éthérées, l'âme contracte quelque chose de leur inaltérable pureté : il semble qu'on soit mieux pénétré, sur ces hauteurs majestueuses, de la toute-puissance du Créateur.

C'est ce que j'ai éprouvé sur les *Pyrénées*, en admirant le grand spectacle qu'elles présentent. Ces monts s'étendent depuis l'Océan jusqu'à la Méditerranée, dans un espace de quatre-vingts lieues. Vus de loin, ils offrent l'aspect d'une barrière hérissée qui s'élève en amphithéâtre du côté de la France, la sépare de l'Espagne, et forme, dans sa longueur, un arc de cercle dont les extrémités se courbent et vont mourir dans les deux mers. Quelques parties de ces montagnes sont couvertes de bois et de pâturages ; d'autres parties n'offrent aux regards qu'une aridité affreuse. Quelquefois je me perdais dans l'obscurité d'un bois touffu ; quelquefois, en sortant d'un gouffre, une agréable prairie réjouissait tout-à-coup mes regards. Je trouvais tour à tour un mélange étonnant de la nature

sauvage et de la nature cultivée; tour à
tour je passais de la vue riante et animée
du printems, à l'aspect des plus tristes fri-
mas. Sur ces monts, la variété, la grandeur, la beauté du spectacle, le plaisir de
ne voir autour de soi que des objets nouveaux, d'observer en quelque sorte une
autre nature, et de se trouver dans un
nouveau monde, tout cela fait aux yeux
un mélange inexprimable, dont le charme
augmente encore par la subtilité de l'air,
qui rend les couleurs plus vives, les traits
plus marqués, rapproche tous les points
de vue; les distances paraissent moindres
que dans les plaines, où l'épaisseur de l'air
couvre la terre d'un voile; l'horizon présente aux yeux plus d'objets qu'il semble
n'en pouvoir contenir. Enfin, ce spectacle
a je ne sais quoi de magique, de surnatu-
rel, qui ravit l'esprit et les sens; dans l'extase où il vous plonge, on oublie tout, on
s'oublie soi-même. La plus haute montagne

des Pyrénées a onze mille pieds d'élévation ;
on lui a donné le nom de *Mont-Perdu*.

CÉLESTE.

Ce phénomène des diverses températu-
res qui se trouvent dans un même lieu est
bien singulier.

M. VALMONT.

Sous ce rapport, le *cap Comorin* est un
point unique sur la terre ; il se trouve en
Asie, et sépare le Coromandel du Malabar.
Ce cap n'a pas plus de trois lieues d'étendue, et cependant ce petit espace réunit,
comme dans un seul jardin, les deux saisons contraires : d'un côté, ce sont les
pluies, les orages, le règne du trouble et
de la dévastation ; de l'autre, c'est l'empire
du calme, des chaleurs vivifiantes et de la
joie de la belle saison : en peu d'heures le
voyageur voit la nature dépouillée, et la
nature couronnée de fleurs et chargée de
fruits.

11

ÉMILE.

Qui peut opérer d'un côté à l'autre des monts une diversité de saisons aussi sensible?

M. VALMONT.

En voici la raison : les montagnes qui séparent la côte de Malabar, à l'ouest de celle de Coromandel, qui est à l'est, arrêtent le cours des vents ; ces vents soufflent sur la côte de Malabar depuis le mois de juin jusqu'à celui d'octobre; ils y chassent et y amoncèlent une quantité prodigieuse de nuages, que les montagnes arrêtent, et qui, ne pouvant passer plus loin, y forment des orages et des pluies dont nous avons à peine l'idée : la côte alors est tellement tourmentée par les vents qui arrivent et qui refluent, que les vaisseaux n'osent en aborder. Voilà l'hiver au Malabar : dans le même tems, l'été et tous ses agrémens se trouvent sur la côte de

Coromandel. L'hiver se fait à son tour sentir en ce dernier lieu dès qu'il quitte le Malabar. En général, les pays montagneux offrent assez souvent des phénomènes de ce genre. Dans l'île de Ceylan, où se trouve le *pic d'Adam*, tandis que les pluies tombent dans la partie occidentale, un tems très sec règne dans la partie orientale; et lorsque la récolte se fait dans l'une, on la prépare dans l'autre.

Puisque nous sommes en Asie, nous allons visiter le *mont Liban*, où se trouvent les fameux cèdres. Il y a sur ce mont un couvent presque entièrement taillé dans le roc; l'église, qui est fort grande, consiste en une grotte naturelle qui s'étend très avant dans les terres, et où l'on trouve un grand nombre de pétrifications. Vous allez juger de la beauté majestueuse de ce lieu, par ce tableau que nous en a donné M. Volney :

« Le Liban, dont le nom doit s'étendre

à toute la chaîne du Besraouan et du pays des Druses, présente tout le spectacle des grandes montagnes : on y trouve à chaque pas ces scènes où la nature déploie tantôt de l'agrément ou de la grandeur, tantôt de la bizarrerie, toujours de la variété. Arrive-t-on par la mer et descend-on sur le rivage, la hauteur et la rapidité de ce rempart qui semble fermer la terre, le gigantesque des masses qui s'élancent dans les nues, inspirent l'étonnement et le respect ; si l'observateur curieux se transporte ensuite jusqu'à ces sommets qui bornaient sa vue, l'immensité de l'espace qu'il découvre devient un autre sujet de son admiration. Mais, pour jouir entièrement de la majesté de ce spectacle, il faut se placer sur la cime même du Liban : là, de toutes parts s'étend un horizon sans bornes ; là, par un tems clair, la vue s'égare et sur le désert qui confine au golfe Persique et sur la mer qui baigne l'Europe : l'âme croit embrasser le monde. Tantôt les regards, errant sur la chaîne successive des montagnes, portent l'esprit, en un clin d'œil, d'Antioche à Jérusalem; tantôt, se rapprochant de tout ce qui les environne, ils sondent la lointaine profondeur du rivage. Enfin l'attention, fixée par des objets distincts, observe avec détail les rochers, les bois, les torrens, les coteaux, les villages et les villes. On prend un plaisir secret à trouver petits ces objets qu'on a vu si grands; on aime à voir à ses pieds ces sommets jadis menaçans, devenus, dans leur abaissement, semblables aux sillons d'un champ ou aux gradins d'un amphithéâtre; on est flatté d'être devenu le point le plus élevé de tant de choses, et l'orgueil les fait regarder avec plus de complaisance. •

Revenons en Europe. Rien n'est plus imposant que le spectacle des *Alpes*. De quel œil, en effet; les habitans des plaines, familiarisés avec cette idée, que les nuées sont à une hauteur incommensurable, qu'elles touchent presque le ciel, doivent-ils contempler ces monts audacieux, sur la cime desquels les nuages s'amoncèlent, se pressent, se déchirent, comme les vagues de la mer se brisent sur les rochers?

Quelquefois, merveille plus grande encore, les nuages, ou rembrunis, ou d'une blancheur éblouissante, ou nuancés par des accidens de lumière, se confondent par la couleur, par la forme, avec ces monts; ils semblent en faire partie : on croirait que ce sont de nouveaux mamelons placés au niveau des autres, et lorsque le vent vient à agiter ces vapeurs épaisses, toute la masse paraît s'ébranler; les sifflemens des ouragans, les éclats de la foudre, semblent être l'effet du choc de ces énormes colosses. L'estimable et savant de Saussure, qui a passé une partie de ses jours, à gravir les plus hautes et principales montagnes des Alpes , va nous donner une idée de leur nature.

« Ces grandes chaînes, dit-il, dont les sommets percent dans les régions élevées de l'atmosphère, semblent être le laboratoire de la nature , et le réservoir dont elle tire les biens et les maux qu'elle répand sur notre terre, les fleuves qui l'arrosent et les torrens qui la ravagent, les pluies qui la fertilisent et les orages qui la désolent. Tous les phénomènes de la physique générale s'y présentent avec une grandeur et une majesté dont les habitans des plaines n'ont aucune idée ; l'action des vents et celle de l'électricité aérienne s'y exercent avec une force étonnante; les nuages se forment sous les yeux de l'observateur, et souvent il voit naître sous ses pieds les tempêtes qui dévastent les plaines, tandis que les rayons du soleil brillent autour de lui, et qu'au-dessus de sa tête le ciel est pur et serein. De grands spectacles de tout

genre varient à chaque instant la scène :
ici, un torrent se précipite du haut d'un
rocher, forme des nappes et des cascades
qui se résolvent en pluie, et présentent
au spectateur de doubles et triples arcs-
en-ciel qui suivent ses pas et changent de
place avec lui; là, des avalanches (1) de
neige s'élancent avec une rapidité compa-
rable à celle de la foudre, traversant et sil-
lonnant des forêts, en fauchant les plus
plus grands arbres à fleur de terre, avec
un fracas plus terrible que celui du tonnerre; plus loin, de grands espaces hérissés de glaces éternelles, donnent l'idée
d'une mer subitement congelée dans l'in-

---

(1) On appelle *avalanche* une masse de neige qui se détache des sommets, entraîne avec elle celle qui est au-dessous, de proche en proche. La vitesse s'accélère par la
pente, la force augmente le poids qui s'accroît : le tout
forme une masse énorme qui a assez de force et de solidité
pour renverser tous les obstacles qu'elle rencontre dans son
chemin.

stant même où les aquilons soufflaient sur ses flots ; et à côté de ces glaces, au milieu de ces objets effrayans, des réduits délicieux, des prairies riantes, exhalant le parfum de mille fleurs aussi rares que belles et salutaires, présentent la douce image du printems dans un climat fortuné, et offrent au botaniste les plus riches moissons. »

ÉMILE.

Il y a donc de la neige sur toutes ces hautes montagnes? Pourquoi n'y fond-elle pas ?

M. VALMONT.

Ces océans de neige condensée sont placés à une distance où le feu central de la terre ne peut plus se développer ; et dans ces régions de l'air, les rayons du soleil n'étant plus ou retenus ou réverbérés par les corps environnans, perdent leur force et leur énergie. De Saussure a fait cette remarque sur les plus hautes montagnes où il est parvenu, qu'on se sent pressé d'un sommeil insurmontable; c'est l'effet de la rareté de l'air. Si l'on succombait à cette pressante envie, on serait bientôt engourdi au milieu des neiges et des glaçons, et l'on y périrait; il faut, au contraire, s'agiter autant que possible : ce besoin se perd aussitôt qu'on est redescendu dans un atmosphère plus dense.

Le *Mont-Blanc* se distingue de tous les sommets audacieux des Alpes, par les neiges qui en couvrent les flancs. Pour se faire une idée de cette montagne gigantesque, il faut concevoir que la hauteur de la glace et de la neige qui en couvrent le sommet, est estimée, à partir du fond du glacier du Montanvert, à plus de douze mille pieds. Cinq glaciers s'étendent dans la vallée de Chamouni; ils sont séparés par des forêts, des terres labourables et des prairies. Ces glaciers se réunissent au pied du Mont-

Blanc, qui, suivant les derniers calculs, est d'environ deux mille quatre cent quarante toises (quatorze mille six cent quarante pieds) au-dessus du niveau de la mer. C'est incontestablement le lieu le plus élevé de toute l'Europe. M. de Saussure ne put parvenir à sa cime; il ne s'éleva qu'à environ dix-neuf cents toises au-dessus du même niveau, et aucun observateur européen ne s'était avant lui élevé à une pareille hauteur.

Je vais, toujours d'après ce savant voyageur, vous faire le tableau de cette belle *vallée de Chamouni*, du *Montanvert* et du *glacier des Bois.*

« C'est sur les rochers qui bordent étroitement l'entrée de cette vallée, que croissent les plantes vraiment alpines que l'on a le plaisir de rencontrer. J'aime, dit de Saussure, à revoir au commencement du printems, qui m'appelle dans les Alpes, le *rhododendron ferrugineum*, cet arbrisseau charmant, dont les rameaux, toujours verts, sont couronnés de fleurs purpurines qui exhalent une odeur aussi douce que leur couleur est fine; l'auricule des Alpes, qui a gagné dans nos jardins des couleurs plus riches, mais qui n'y a plus la suavité du parfum qu'elle répand sur ces rochers, etc. Ce ne sont pas les plantes seules qui donnent à cette route un caractère alpestre : les rochers primitifs sur lesquels elle passe; l'Arve, serrée dans un passage étroit et profond, son écume que l'on voit blanchir au travers des cimes des sapins qui sont fort au-dessous des pieds des voyageurs; et de l'autre côté, un rocher noir, taillé presque à pic, teint çà et là de couleurs métalliques, et portant de place en place, comme sur des étagères, de grands sapins, dont le vert obscur contraste avec la blancheur des bouleaux : tels sont les objets qui caractérisent l'avenue vraiment alpine de la vallée de Chamouni.

« En sortant de ce défilé étroit et sauvage, on tourne à gauche et l'on entre dans la vallée, dont l'aspect, au contraire, est infiniment doux et riant. Le fond de cette vallée, en forme de berceau, est couvert de prairies, au milieu desquelles passe le chemin, bordé de petites palissades. On découvre successivement les différens glaciers qui descendent dans cette vallée. On ne voit d'abord que celui de Taconay, qui est presque suspendu sur la pente rapide d'une petite ravine dont il occupe le fond ; mais bientôt les yeux se fixent sur celui des Buissons, qu'on voit descendre du haut des sommités voisines du Mont-Blanc : ses glaces, d'une blancheur éblouissante, dressées en forme de hautes pyramides, font un effet étonnant au milieu des forêts de sapins qu'elles traversent et qu'elles surpassent. On voit enfin de loin le grand glacier des Bois, qui en descendant se recourbe contre la vallée de Chamouni ; on distingue ces murs de glace qui dominent des rocs jaunes taillés à pic.

« Ces glaciers majestueux, séparés par des forêts, couronnés par des rocs de granit d'une hauteur étonnante, qui sont taillés en forme de grands obélisques et entremêlés de neiges et de glaces, présentent un des plus grands et des plus singuliers spectacles qu'il soit possible d'imaginer. L'air pur et frais qu'on respire, la belle culture de la vallée, les jolis hameaux que l'on rencontre à chaque pas, donnent par un beau jour l'idée d'un monde nouveau, d'une espèce de paradis terrestre renfermé par une divinité bienfaisante dans l'enceinte de ces montagnes. La route, partout belle et facile, permet de se livrer à la délicieuse rêverie et aux idées douces, variées et nouvelles, qui se présentent en foule à l'esprit. Quelquefois de grands éclats, semblables à des coups de tonnerre, et suivis comme eux par de longs roulemens, interrompent cette rêverie, causent une espèce d'effroi quand on ignore leur cause, et montrent, quand on la connaît, combien est grande la masse des glaçons dont la chute produit un si terrible fracas. La grandeur des objets trompe sur les distances : en entrant dans la vallée, on croit qu'en moins d'une demi-heure, on arrivera à l'extrémité, et cependant on met plus de deux heures à aller jusqu'à un prieuré qui n'est pas même à la moitié de la longueur de la vallée. »

CÉLESTE.

Au milieu de toutes ces glaces, on doit se croire transporté au Spitzberg? Je lisais dans le *Voyage de Heemskerke*, que la glace qui retenait son vaisseau à la Nouvelle-Zemble, présentait les formes les plus singulières : ici, on voyait s'élever une tour ; là, elle paraissait avoir formé des rues bordées de maisons ; d'un autre côté, on aurait dit que c'était un rempart flanqué de bastions.

M. VALMONT.

Oui, ces glaciers ont cela de commun avec les mers du Nord, qu'ils présentent aussi de grands et beaux accidens, des formes bizarres de pyramides, de tours, de grandes murailles crénelées, etc. Mais ne nous arrêtons pas, et suivons notre voyageur au Montanvert.

« Ce que les gens de Chamouni appellent ainsi, est un pâturage élevé de quatre cent vingt-huit toises au-dessus de la vallée, et de neuf cent cinquante-quatre au-dessus de la mer. Il est immédiatement au-dessus de cette vallée de glace, dont la partie inférieure porte le nom de *glacier des Bois.* On y conduit ordinairement les étrangers, parce que c'est un site qui présente un magnifique aspect de cet immense glacier et des montagnes qui le bordent, et parce qu'on peut de là descendre sur la glace et voir sans danger quelques-unes des singularités qu'elle offre. On fait ordinairement la route, en partant du prieuré, à pied et en trois heures.

» En montant au Montanvert, on a toujours sous ses pieds la vue de la vallée de Chamouni, de l'Arve qui l'arrose dans toute sa longueur, d'une foule de villages et de hameaux entourés d'arbres et de champs bien cultivés. Au moment où l'on arrive au Montanvert, la scène change, et au lieu de cette riante et fertile vallée, on se trouve presqu'au bord d'un précipice, dont le fond est une vallée beaucoup plus large et plus étendue, remplie de neige et de glace, bordée de montagnes colossales qui étonnent par leur hauteur et leurs formes, et qui effraient par leur stérilité et leurs escarpemens. Ce glacier descend presque dans la vallée de Chamouni, où on le nomme *le glacier des Bois*, du nom d'un hameau près duquel il se termine : de son extrémité inférieure sort le torrent de l'Aveiron. La surface du glacier, vue du Montanvert, ressemble à celle d'une mer qui aurait été subitement gelée, non pas dans le moment de la tempête, mais à l'instant où le vent s'est calmé, et où les vagues, quoique très hautes, sont émoussées et arrondies.

» Entre les montagnes qui dominent le glacier des Bois, celle qui fixe le plus les regards de l'observateur, est un grand obélisque de granit qui est en face du Montanvert, de l'autre côté du glacier : on le nomme *l'Aiguille du Dru*. Ses côtés semblent polis comme un ouvrage de l'art; sa hauteur, au-dessus de la vallée de Chamouni, est de quatorze cent vingt-deux toises Il est absolument inaccessible; ainsi on est réduit à l'observer avec le télescope (1).

» Lorsque l'on s'est bien reposé sur la jolie pelouse du Montanvert, et que l'on s'est rassasié, si l'on peut jamais l'être, du grand spectacle que présentent ce glacier et les montagnes qui le bordent; on descend par un sentier rapide entre des rhododendrons, des mélèses, des aroles, jusqu'au bord du glacier. S'il n'est pas trop scabreux et trop entrecoupé de grandes crevasses, il faut s'avancer au moins jusqu'à trois ou quatre cents pas pour se faire une idée de ces grandes vallées de glace. En effet, si l'on se contente de voir celle-ci de loin, du Montanvert par exemple,

---

(1) Le *Journal du Commerce* du 17 août 1818, rapporte qu'un Polonais, M. Antoine Malczeski, est parvenu au sommet du Mont-Blanc, et a découvert un chemin jusqu'à l'aiguille ou Pic du Midi, où personne n'avait encore pénétré.

on n'en distingue point les détails; ses inégalités ne semblent être que les ondulations arrondies de la mer après l'orage;
mais quand on est au milieu du glacier,
ces ondes paraissent des montagnes, et
leurs intervalles semblent être des vallées
entre ces montagnes. Il faut d'ailleurs parcourir un peu le glacier pour voir ses
beaux accidens, ses larges et profondes
crevasses, ses grandes cavernes, ses lacs
remplis de la plus belle eau, renfermée
dans des murs transparens de couleur
d'aigue-marine; ses ruisseaux d'une eau
vive et claire, qui coulent dans des canaux
de glace, et qui viennent se précipiter et
former des cascades dans des abîmes également de glace.

Après avoir traversé le glacier, je re-
montai vers le pied de l'Aiguille du Dru,
et me reposai dans des pâturages que l'on
nomme la *place de l'Aiguille*. Comme on
ne peut y parvenir que par le glacier, toute

la communauté qui veut y conduire ses bestiaux, se rassemble au commencement de l'été, pour leur frayer une route sur la glace : on y conduit ainsi un certain nombre de génisses, et une ou deux vaches à lait pour la nourriture de leur gardien. Elles restent là jusqu'au commencement de l'automne, où l'on va de nouveau leur frayer un chemin pour le retour, car celui qu'on avait fait pour les amener est souvent détruit quelques heures après, par le mouvement continuel de la glace : le berger lui-même ne descend au village qu'une ou deux fois dans la saison, pour chercher sa provision de pain; et tout le reste du tems il demeure parfaitement seul avec son troupeau dans cette affreuse solitude. Lorsque j'allai là, en 1760, je rencontrai le berger; c'était alors un vieillard à longue barbe, vêtu de peau de veau, avec le poil en dehors; il avait l'air aussi sauvage que le lieu même qu'il habitait.

Il fut très étonné de voir un étranger, et je crois bien que j'étais le premier dont il eût reçu la visite. J'aurais souhaité qu'il lui restât de cette visite un souvenir agréable; mais il ne désirait que du tabac; je n'en avais point, et l'argent que je lui donnai ne parut lui faire aucun plaisir.

» En revenant du Montanvert au prieuré de Chamouni, si l'on ne veut pas faire deux fois le même chemin, et que l'on ne craigne pas une descente rapide, on peut, en suivant d'assez près le glacier, descendre par une pente qu'on nomme *la Felia*. On arrive au bas du glacier, et l'on voit l'Aveiron en sortir par une arche de glace. Mais ce morceau est assez intéressant pour mériter une description.

» *L'Aveiron* est un torrent considérable qui sort de l'extrémité inférieure du glacier des Bois, comme on l'a dit, par une grande arche de glace; c'est un des objets les plus dignes de fixer la curiosité des voyageurs. Que l'on se figure une profonde caverne dont l'entrée est une voûte de glace de plus cent pieds d'élévation, sur une largeur proportionnée. Cette caverne est taillée par la main de la nature, au milieu d'un énorme rocher de glace, qui, par le jeu de la lumière, paraît ici blanche et opaque comme de la neige, là transparente et verte comme l'aigue-marine. Du fond de cette caverne sort avec impétuosité une rivière blanche d'écume, et qui souvent roule dans ses flots de gros rochers de glace. En élevant les yeux audessus de cette voûte, on voit un immense glacier couronné par des pyramides de glace, du milieu desquelles semble sortir l'obélisque du Dru, dont la cime va se perdre dans les nues. Enfin, tout ce tableau est encadré par les belles forêts du Montanvert et de l'Aiguille du Bochard; et ces forêts accompagnent le glacier jusqu'à sa cime, qui se confond avec le ciel.

» On a quelquefois la curiosité d'entrer dans la caverne, et l'on peut en effet s'y enfoncer assez avant, lorsqu'elle est large et que l'Aveiron ne la remplit pas entièrement; mais c'est toujours une témérité, parce qu'il se détache fréquemment de grands fragmens de sa voûte. Lorsque nous allâmes la visiter, en 1778, nous remarquâmes dans l'arche qui formait l'entrée, une grande crevasse presque horizontale, coupée à ses extrémités par des fentes verticales; il était aisé de présumer que toute cette pièce se détacherait bientôt. Effectivement, on entendit dans la nuit un bruit semblable à un coup de tonnerre. Cette pièce, qui formait la clé de la voûte, était tombée, et avait entraîné, par sa chute, celle de toute la partie extérieure de l'arche. Cet amas de glaces suspendit pendant quelques momens le cours de l'Aveiron. Ses eaux s'accumulèrent dans le fond de la caverne, et, rompant ensuite tout-à-coup cette digue, elles entraînèrent avec violence tous ces grands blocs de glace, les brisèrent contre les rochers dont est parsemé le lit du torrent, et en charrièrent des fragmens à de grandes distan-- ces. Nous vîmes le lendemain, avec une espèce d'effroi, la place où nous nous étions arrêtés la veille, couverte de grands quartiers de ces glaces. »

ÉMILE.

Quels dangers l'on court dans ces montagnes !

M. VALMONT.

Lorsque le voyageur commence à les parcourir, l'aspérité des chemins, la rapidité des pentes, la profondeur des précipices commencent par l'effrayer ; bientôt il se rassure, et l'on dirait que, pour le distraire, un pouvoir magique varie à chaque pas les décorations de la scène. Ensuite, quel plaisir de voir, du haut de ces

monts, les vallées se couvrir de nuées ora-
geuses, et d'entendre sous ses pas rouler
ce tonnerre qui gronde ordinairement sur
nos têtes! Il est intéressant de vous donner une idée de ces effets singuliers dans
ces hautes régions; nous allons faire une
petite excursion, avec un voyageur, au
mont Saint-Bernard. Vous avez entendu
parler de l'hospice établi en ce lieu?

CÉLESTE.

Oui; et nous avons vu au salon du Mu-
séum, un joli tableau représentant un de
ces gros chiens, que les religieux du couvent dressent à découvrir et à guider les
passagers qui sont égarés : il portait sur
son dos un petit enfant qu'il avait trouvé
sur le bord d'un précipice couvert de
neige, où ses parens venaient d'être engloutis.

M. VALMONT.

Cet hospice est une des institutions les

plus utiles que la religion ait porté quelques hommes à former pour l'avantage de leurs semblables. En partant de la cité d'Aoste pour se rendre au mont Saint-Bernard, on traverse des vignes exposées au midi, sur la pente d'une montagne brûlée et aride au-dessus d'elles. Les cris aigus et répétés des cigales feraient croire que l'on est dans une contrée beaucoup plus méridionale, et les mûriers, les amandiers, les micocouliers dont on est environné, favorisent cette illusion. On désire alors la fraîcheur des ombrages; mais, après avoir marché environ quatre heures, on commence à sentir un froid très vif, et une heure après on arrive dans le climat du Spitzberg et du Groënland : on ne soupire plus qu'après le bon feu qu'on espère trouver au couvent.

Le couvent du Grand-Saint-Bernard est élevé de douze cent quarante-six toises au-dessus du niveau de la mer; c'est indubitablement l'habitation la plus élevée qu'il y ait, non-seulement en Europe, mais dans tout l'ancien continent. L'hiver y dure huit mois. Sa position est très-voisine du terme des neiges éternelles, parce qu'elle est dominée par des sommités qui, étant fort élevées au-dessus de ce terme, demeurent éternellement couvertes de neige, et refroidissent continuellement tout ce qui les environne. « Lorsque j'arrivai au couvent, dit notre voyageur, le ciel était du plus bel azur foncé, d'une couleur vive, inconnue aux habitans des plaines, qui ne le voient qu'à travers mille vapeurs. Dans la journée, la montagne fut enveloppée de nuages épais, mais tranquilles ; il n'y avait point d'agitation dans l'air : on m'assura qu'il faisait beau au-dessous de ce sommet. A peine voit-on devant soi quand on est enveloppé dans ces nuages ; ils vous pénètrent d'une fine rosée ; on est bientôt percé et mouillé jusqu'à la peau. La nuit, il tomba une forte pluie mêlée de neige et accompagnée d'un grand vent. Au point du jour, ce vent augmenta; venant de bas en haut, il poussait et roulait de gros nuages montant par la vallée qui se trouve sur le chemin du Valais. Ces nuages se pressaient et s'amassaient successivement, à l'abri et au-dessous du courant du vent, dans un fond où est un petit lac; là ils restaient immobiles; leur épaisseur et leur obscurité augmentaient à mesure qu'il en arrivait davantage; en peu de tems les ténèbres s'étendirent sur les régions inférieures, je ne vis plus que le ciel. Un bruit sourd, précurseur de la tempête; descendit du haut des monts et se prolongea dans les vallées; bientôt des nappes d'une flamme livide se déployèrent sur le fond obscur des nuages, et transformèrent cette voûte d'air en une voûte de feu. Ce spectacle était magnifique; mais la rigueur du froid et du vent m'obligea de rentrer au couvent pour me chauffer. L'obscurité devint générale; le tonnerre, qui grondait sourdement, augmenta peu à peu et devint violent : on l'entendait au-dessus et au-dessous de soi. La pluie, la neige, la grêle se succédaient, tombaient souvent ensemble, se mêlaient aux éclairs, et donnaient le spectacle du choc et du combat terrible entre les élémens les plus opposés. Nous étions alors au mois de juillet. Après cet orage, le ciel se découvrit; je vis le soleil chasser et dissiper les nuages qui s'étaient amoncelés sous mes pieds. Que tout ce qui m'environnait me parut beau! quelle source intarissable de ravissement! Après avoir contemplé ces merveilles, dans mon enthousiasme, je me prosternai, muet d'admiration, devant celui qui a créé et qui gouverne la terre. »

ÉMILE.

Je ne me serais jamais fait une idée des

beautés de ce genre; je conçois qu'elles doivent imprimer dans l'âme un étonnement mêlé de respect.

CÉLESTE.

J'admire les bons religieux qui passent leur vie dans une température aussi rude, pour donner des secours aux voyageurs.

M. VALMONT.

Oui, dans une solitude aussi affreuse, leur âme ne peut goûter d'autre plaisir que celui de soulager les malheureux; leur zèle est d'autant plus méritoire, qu'il les expose souvent à de grandes peines, à de très grands dangers; outre que ces bons pères acquièrent une vieillesse anticipée, et pour la plupart, meurent dans l'âge qui est pour nous autres celui de la moitié de la carrière ordinaire de la vie humaine.

Après avoir parlé des Alpes et des Pyrénées, nous allons maintenant nous entretenir des fameuses montagnes qu'on nomme les *Andes* ou *Cordillières* ; elles forment une chaîne de près de quinze cents lieues, et séparent le Pérou du Chili. Le froid est si excessif à une certaine hauteur, qu'il tue les hommes et les animaux; il gèle les corps et les durcit tellement, qu'ils ne se corrompent point. Zarate, dans son Histoire de la conquête du Pérou, rapporte que don Diègue d'Almagro, allant découvrir le Chili, en 1534, vit périr de froid dans ces montagnes plusieurs de ses soldats. Lorsqu'il y repassa, cinq mois après, au fort de l'été, il trouva leurs corps restés debout, appuyés contre des rochers, et aussi frais que s'il n'y avait eu que quelques momens qu'ils eussent expiré : il y en avaient même qui tenaient encore la bride de leurs chevaux sur pied, dont la chair, ajoute l'historien espagnol, servit de nourriture à Almagro et à ceux qui l'accompagnaient.

CÉLESTE.

Ces hommes furent, pour ainsi dire, changés en statues?

M. VALMONT.

Oui; le sang se coagule dans les veines de ceux qui périssent dans ces glaciers ; ils gardent leur attitude, leur forme : leur peau conserve toute sa fraîcheur, son coloris ; on croirait qu'ils vivent ; et, par un contraste qui fait frémir, leurs lèvres crispées par le froid, semblent sourire. Le célèbre voyageur M. de Humboldt, que je vous ai déjà cité, a visité les Andes au mois de juin 1802. Il raconte qu'étant parvenu à deux mille sept cent soixante-treize toises de hauteur, ce qui fait seize mille six cent trente-huit pieds, il éprouva un tel effet de la densité de l'air, que le sang lui sortait des lèvres, des gencives et des yeux: et pourtant ce voyageur n'était pas à l'extrême sommité de ces monts, car le plus élevé, qu'on nomme *le Chimboraço*, a vingt mille neuf cent dix pieds de hauteur.

ÉMILE.

Que la température de la France est douce et belle, en comparaison de ces terribles régions !

M. VALMONT.

Oui ; nous n'avons point dans notre patrie les chaleurs brûlantes des contrées méridionales ; les froids excessifs du nord ne s'y font point sentir ; le sol fournit avec une espèce de prodigalité tout ce qui est nécessaire à ses habitans : sous tous ces rapports, on peut dire, avec raison, que la France est le plus beau pays du monde. Il faut être armé de courage, et avoir le désir de la gloire, lorsqu'on quitte un climat aussi doux pour s'exposer à tous les dangers des voyages ; car vous avez vu que ce n'est souvent qu'à travers une multitude de périls et de privations, que les voyageurs parviennent à connaître les productions merveilleuses que la nature a répandues sur toutes les parties du globe.

Jusqu'à nos jours, le *Chimboraço* était considéré comme le mont le plus élevé du monde connu ; mais le savant voyageur anglais Webb, en parcourant l'Asie, a mesuré dans les montagnes de Kemaon, royaume de Neypal, au nord de l'Inde, dix-neuf pics qui surpassent vingt-un mille pieds de hauteur ; et le plus élevé, qu'on appelle le *mont Dhawaladgiri,* a, selon ses calculs, quatre mille sept cinquante-neuf pieds de plus haut que le *Chimboraço:* la cime orgueilleuse de ce mont géant de l'Inde, s'élève donc à une hauteur de vingt-cinq mille six cent soixante-neuf pieds. Comparativement qu'est-ce que le Mont-Blanc, dans les Alpes avec ses quatorze mille six cent quarante pieds ; et le Mont-Perdu des Pyrénées, qui n'en a que onze mille !

Vous allez de nouveau juger de la peine qu'éprouvent par fois les hommes intrépides qui consacrent leur existence à augmenter la somme de nos connaissances en tout genre, par le récit d'un voyageur français qui se rendait sur le *mont Ararat,* célèbre montagne de l'Arménie, où les bonnes gens du pays croient que l'arche de Noé s'est arrêtée. Ce mont paraît d'autant plus élevé, qu'il est planté seul au milieu d'une des plus grandes plaines que l'on puisse voir. Pour le parcourir, il faut grimper dans des sables mouvans, où le pied enfonce jusqu'à la cheville. On ne voit sur cette montagne ni arbres, ni arbrisseaux. Les neiges couvrent la moitié de la montagne, et sont cachées une grande partie de l'année sous des nuages fort épais. Un seul jour ne suffit pas pour atteindre à ces neiges ; il faut donc camper dans le trajet. Tournefort qui a visité cette montagne pour y chercher des plantes, dit qu'il fut tenté deux ou trois fois d'abandonner son entreprise. « Cependant, ajoute-t-il, le chagrin de n'avoir pas tout vu nous aurait trop tourmentés dans la suite, et nous aurions toujours cru avoir manqué les plus beaux endroits. Il est naturel de se flatter dans ces sortes de recherches, et de croire qu'il ne faut qu'un bon moment pour découvrir quelque chose d'extraordinaire, et qui dédommage de tout le tems perdu. Pour éviter les sables qui nous fatiguaient horriblement, nous tirâmes droit vers de grands rochers entassés les uns sur les autres. On passe au-dessous comme au travers des cavernes, et l'on y est à l'abri des injures du tems, excepté du froid. Nous tombâmes ensuite dans un chemin rempli de grosses pierres; il fallait sauter de l'une sur l'autre, ce que nous trouvâmes très incommode et très fatigant.

Les neiges fondues ont formé dans la montagne une ravine épouvantable, 'd'où il se
détache à tout moment des parties de roches qui font en roulant un bruit effroyable. La vue de cet abîme vous glace de
terreur. Le saint roi David a raison de dire
dans ses cantiques sacrés, que ces sortes
de lieux montrent la grandeur du Seigneur. On ne peut s'empêcher de frémir,
quand on regarde le fond de l'abîme, et la
tête tourne pour peu qu'on veuille en examiner les horribles précipices. Les cris
d'une infinité de corneilles qui volent sans
cesse de l'un à l'autre côté, ont quelque
chose d'effrayant. Tous ces précipices sont
taillés à pic, et les extrémités en sont hérissées et noirâtres, comme s'il en sortait
quelque fumée : il n'en sort que des torrens de boue. Après avoir atteint les premières neiges, il fut résolu que nous n'i-
rions pas plus loin : nous étions épuisés
de fatigue. Nous aperçûmes une pelouse

dont la pente paraissait propre à faciliter
notre descente; nous nous laissâmes glisser sur le dos pendant plus d'une heure.
Quand nous rencontrions des cailloux qui
meurtrissaient nos épaules, nous glissions
sur le ventre, ou nous marchions à reculons, à quatre pattes. Parvenus au bas de
la montagne, nous étions si meurtris et
si fatigués, que nous ne pouvions remuer
ni bras ni jambes. »

CÉLESTE.

Je serais très curieuse de voir toute cette
végétation merveilleuse dont tu nous as
parlé; je visiterais avec plaisir ces superbes cataractes, ces belles grottes, ouvrages magnifiques de la seule nature; j'ai-
merais encore à contempler ces volcans
terribles, à gravir ces monts prodigieux,
malgré l'effroi que doit inspirer leur aspect menaçant; mais j'avoue qu'il est peut-
être plus agréable de pouvoir admirer

toutes ces beautés de la nature, bien à son aise et sans la moindre fatigue, en s'identifiant pour ainsi dire avec les voyageurs qui ont parcouru les diverses contrées où elles se trouvent.

M. VALMONT.

Ma fille, tu as raison sous certains rapports. D'ailleurs, il serait difficile, pour ne pas dire impossible, à un homme de visiter toutes ces merveilles disséminées sur tant de parties opposées du globe.

Avant de terminer notre entretien, je veux vous faire connaître quelques rochers extraordinaires. L'un, que l'on appelle le *Rocher tremblant*, se trouve sur une montagne située à une lieue de Castres, département du Tarn. Sa circonférence, prise dans la partie moyenne de sa hauteur, est de vingt-six pieds; sa totalité forme une masse de trois cent soixante pieds cubiques, dont on évalue le poids à plus de six cents quintaux. Un homme peut le mettre en mouvement, et la force d'un enfant suffit alors pour lui conserver ses balancemens.

ÉMILE.

Comment un seul homme peut-il faire mouvoir une si lourde masse ?

M. VALMONT.

Cela provient de la forme de ce rocher, qui ressemble assez à celle d'un œuf aplati, et de ce qu'il n'est appuyé que par le petit bout sur un autre rocher qui lui sert de base. Entre diverses sentences et pensées que les voyageurs y ont gravées, on lit :

Ainsi donc le plus élevé tremble aussi !

Nous savons qu'il existe des ponts naturels formés par les sédimens des eaux d'une source ; on en trouve un bien plus considérable, composé d'une seule roche, qui traverse le fleuve du Niger, au royaume de

Haoussa, devant le village de Boussa. Une partie de ce rocher est très élevée, et il n'y a qu'une grande ouverture en forme de porte, par où l'eau s'écoule avec rapidité: c'est là que le célèbre et malheureux Mungo-Park termina sa vie et ses voyages. Le roi de Haoussa, d'après l'instigation du chef du village d'Yaour, avait envoyé des soldats sur cette roche, pour arrêter le voyageur. Lorsqu'il arriva, les soldats l'attaquèrent aussitôt en lui jetant des pierres, des dards, des piques et des flèches. Mungo-Park se défendit long-tems. Deux de ses esclaves, placés à la proue de son canot, furent tués. La résistance devenant inutile, l'illustre voyageur se jeta dans l'eau pour se sauver; mais le courant était si fort qu'il ne put le rompre : il fut englouti dans les eaux.

Dans le département du Jura, aux environs de Clairvaux, on voit un rocher d'environ huit cents pieds d'élévation. Ce qui le rend extrêmement curieux, c'est que sa partie supérieure offre des *fortifi-cations naturelles* aussi bien figurées que si Vauban lui-même les avaient tracées. On y découvre des bastions, des flancs, des faces, des courtines et plusieurs rangs de batteries; c'est l'imitation exacte de nos citadelles.

Vous avez donc vu des *ponts*, des *chaus-sées*, des *temples*, des *forteresses*, formés par la seule nature? Il me reste à vous parler d'un *méridien naturel* qui se trouve sur la montagne de Falzaber, au canton de Glaris, en Suisse. Cette montagne est si élevée, que le village d'Elm, qu'elle couvre, est privé, en hiver, de la vue du soleil pendant six semaines. Sur le haut de cette montagne se trouve un rocher percé d'un trou en rond qui forme le méridien. Les 3, 4 et 5 mars, et les 14, 15 et 16 septembre, le soleil passe derrière ce trou, on en voit le disque en plein; les rayons s'élancent de toutes parts, et répandent sur la montagne leur éclat éblouissant : ce tableau produit un effet magique et des plus pittoresques.

ÉMILE.

J'en ai la gravure dans les estampes de mon optique ; elle offre en effet un coup-d'œil des plus singuliers.

M. VALMONT.

Les habitans du village d'Elm disent que ce trou peut avoir vingt-cinq pieds de diamètre. On le voit commodément de la maison du curé. De cette distance où je l'ai vu, son diamètre paraît de trois pieds. Dans le pays, on appelle ce rocher percé *le Trou Saint-Martin*.

La nature ne se montre pas moins admirable dans la création des minéraux, depuis le fer, ce métal si utile, qui à peine sorti de la terre devient l'instrument de sa fertilité, jusqu'à ces pierres éclatantes qui, sous mille couleurs, étincellent dans les vêtemens des souverains, sur la parure des belles, et dont la mode, un luxe capricieux, exagèrent ou diminuent arbitrairement la valeur. Je dois donc vous dire un mot des *mines*. C'est ordinairement dans les plus sombres profondeurs de la terre, que la nature compose lentement et dans un profond silence, ces substances d'or, d'argent, de cuivre, de fer, etc., que l'industrie de l'homme va chercher jusqu'au fond de ces abîmes; mais, par une espèce de merveille, les filons (1) des mines d'or du Potosi, dans le Pérou, paraissent au-dehors, et s'élèvent comme des roches sur la surface de la montagne. De là les richesses prodigieuses et presque incroyables que les Espagnols trouvèrent

––––––––––––

(1) On appelle *filons* les veines de la terre d'où se tire la matière propre à être fondue.

dans ce vaste empire, lorsqu'ils en firent la conquête. Tout était d'or dans le palais du roi Atabalipa, jusqu'aux moindres ustensiles de cuisine. Il y avait dans les chambres des statues colossales, les unes d'or, les autres d'argent massif, et dans les vestibules des pyramides de lingots épais de la hauteur de quatre toises. Le bassin de la fontaine publique était d'or, et pesait environ vingt-cinq mille marcs. Les toits, les portes, les murailles des temples des idoles et des palais des Incas étaient couverts de grosses lames d'or et d'argent. On parle d'une fameuse chaîne d'or, longue de trois cent cinquante pieds, dont chaque chaînon était de la grosseur du poing, et que deux cents hommes des plus robustes pouvaient à peine soulever.

Du tems de l'empereur Frédéric III, on trouva dans la mine de Schneeberg, qui appartient à la maison de Saxe, un bloc d'argent d'une grosseur extraordinaire (1). Le duc Albert le voulut voir ; il descendit dans la mine, fit mettre le couvert sur ce bloc précieux, et dit à ceux qui mangeaient avec lui : *L'empereur Frédéric est un puissant seigneur, mais vous conviendrez que ma table vaut mieux que la sienne.*

EMILE.

Je serais bien curieux de descendre dans ces mines.

M. VALMONT.

Je vais vous communiquer la relation du poëte dramatique Regnard, qui a visité la mine de Salsberyt, en Suède. Voici comment il raconte son voyage souterrain : « Cette mine, qui est près de la ville, a trois larges bouches, semblables à

____

(1) Le baron de Puffendorf estime cette masse d'argent à quatre cents quintaux ; mais on a de la peine à croire une telle évaluation bien exacte.

l'ouverture d'autant de puits, et dont il est impossible de voir le fond. La moitié d'un tonneau soutenu d'un câble, sert d'escalier pour descendre dans cet abîme. La grandeur du péril se conçoit aisément, puisqu'on n'est qu'à moitié dans un tonneau, dans lequel on n'a qu'une jambe; qu'on se voit suspendu au bout d'un câble, et qu'on ne peut s'empêcher de songer que la vie dépend entièrement de la force ou de la faiblesse de ce cordage. Un satellite, noir comme un diable, tenant à la main une torche de poix et de résine, descend avec vous, et entonne tristement une chanson lugubre, faite exprès pour cette descente infernale. Quand nous fûmes vers le milieu du précipice, nous sentîmes un grand froid, et nous entendîmes des torrens tomber de toutes parts. Après une demi-heure de descente aussi pénible qu'effrayante, nous arrivâmes au fond du premier gouffre. Là, nos craintes se dissipèrent en partie, nous ne vîmes plus rien d'affreux : au contraire, tout brillait d'un vif éclat dans ces régions souterraines; mais nos fatigues et nos craintes n'étaient pas encore finies. Nous descendîmes fort avant sous terre, au moyen d'échelles extrêmement hautes, pour arriver dans un salon qui est dans l'enceinte de cette caverne, soutenu de plusieurs colonnes du précieux métal dont tous les parois sont revêtues. Quatre galeries spacieuses y viennent aboutir; et la lueur des feux qui brillent de toutes parts, et qui sont réfléchis par l'argent des voûtes et l'eau limpide d'un clair ruisseau qui coule à côté, ne sert pas tant à éclairer les travailleurs, qu'à rendre ce séjour plus magnifique que le palais de Plutus, placé par les poëtes au centre de la terre, et où ce dieu des richesses rassemble ses trésors. On voit dans ces galeries des gens de toutes les nations, qui recherchent avec les plus grandes peines ce qui fait le bonheur des autres hommes. Les uns tirent des chariots, d'autres roulent des grosses pierres, d'autres s'efforcent d'arracher le métal du roc qui le renferme. C'est une ville sous une autre ville: là sont des maisons, des cabarets, des écuries, des chevaux; et ce qu'il y a de plus admirable, c'est un moulin qui tourne continuellement dans le fond de ce gouffre, et qui sert à élever les eaux hors de la mine. On remonte dans la même machine par où l'on est venu, pour aller voir les différentes opérations qui servent à épurer l'argent. »

CÉLESTE.

Si les parcelles d'or que roulent les rivières sont un témoignage des richesses renfermées dans le sein des montagnes où filtrent leurs eaux, nous aurions donc en France des mines d'or?

M. VALMONT.

Il est vrai, on a trouvé des veines dans diverses provinces ; mais la petite quantité d'or pur qu'ont produite les premiers essais, a dégoûté les entrepreneurs d'un travail si infructueux : la France est plus riche en mines de fer. Je ne vous parlerai plus maintenant que de la mine de sel de Williska, en Pologne, et des mines de diamans de Golconde. J'ai visité la première dans un voyage que j'ai fait à Cracovie, dont elle n'est éloignée que de deux lieues. Nous nous étions réunis plusieurs Français pour cette partie de plaisir. Quand nous fûmes arrivés à Williska, on nous donna quelques mineurs pour nous servir de guides, et l'on nous fit endosser une grand chemise de toile qui devait garantir nos habits de la poussière qu'on fait veltiger en marchant dans les galeries. L'entrée de la mine se trouve sous un hangar. Cette

entrée est un puits, n'ayant que huit pieds
de diamètre, et dont la profondeur perpendiculaire est de plus de huit cents
pieds. L'idée seule de descendre dans cet
abîme nous fit frissonner; mais nous nous
étions trop avancés pour reculer. Au-dessus de ce trou est une grande roue que des
chevaux font tourner, et qui sert à descendre les curieux et à élever les blocs de
sel que l'on détache de la mine. On commence par remuer une quantité de cordes
et de sangles qu'on attache *les* unes au-
dessus des autres au gros câble qui part
de la roue; ces sangles ou bretelles sont
arrêtées à des nœuds formés de distance
en distance par le câble même; on s'assied
sur une de ces sangles, on en passe une
autre derrière le dos, et l'on se tient des
deux mains au câble, que l'on entoure
aussi des jambes, à la manière des cou-
vreurs et des plombiers quand ils sont suspendus le long de quelques édifices : c'est

de cette manière assez commode, mais véritablement effrayante, que l'on descend. Nous étions bien vingt personnes ainsi suspendues à la même corde, les unes après les autres, comme les grains d'un chapelet. Je frissonnais à chaque instant, en pensant que si cette corde se fût rompue nous aurions été précipités en un instant au fond de l'abîme; on me rassura en me disant que ce câble portait quelquefois plus de trente personnes ensemble. Nos conducteurs ayant allumé leurs lampes, et pris des bâtons pour contre-balancer le mouvement de la descente et empêcher de se heurter contre les parois du puits, on commença à nous faire descendre. Des gens restés en haut, entourant la bouche du puits, se mirent à entonner d'une voix triste et lamentable, l'endroit de la passion où sont ces paroles : *Expiravit Jesus*, et continuèrent sur un ton plus effroyable encore le *De profundis*. J'avoue que pour lors tout mon sang se glaça; il me semblait qu'on m'enterrait tout vivant. Je voyais bien que ces chants et cet appareil lugubre n'étaient, de la part des mineurs, qu'un jeu pour augmenter l'effroi des étrangers; mais ma raison ne pouvait maîtriser mes sens. Cependant nous fîmes cette route extraordinaire sans le moindre accident.

Ayant quitté nos bretelles, nous descendîmes par un long chemin, quelquefois assez large pour que plusieurs voitures y pussent passer de front, quelquefois coupé en forme de degrés taillés dans le sel, qui ont la grandeur et la commodité de l'escalier d'un palais. Chacun de nous portait un flambeau, et nos guides nous précédaient, des lampes à la main. La réflexion de ces lumières sur les côtés brillans de la mine, produisait un effet des plus agréables; on eût cru que les murailles étaient incrustées de diamans.

On trouve dans le premier étage (car il y en a sept) un morceau d'architecture exécuté dans la masse même du sel : c'est une chapelle dédiée à saint Antoine ; elle a environ trente pieds de longueur, sur vingt-quatre de largeur, et sur une hauteur de dix-huit. Ce morceau est vraiment digne de curiosité : non-seulement les degrés du marchepied de l'autel, mais l'autel et les colonnes torses qui l'ornent et tiennent la voûte sont de sel; tout ce qui sert d'ornement est de la même matière, comme le crucifix et les statues de la Vierge et de saint Antoine. A gauche en entrant dans cette chapelle, est aussi la statue, de grandeur naturelle, de Sigismond : elle est d'un sel transparent. A peu de distance de cette chapelle, on en voit une autre plus petite, et dédiée à Notre-Dame ; et à soixante pas de celle-ci, une autre encore, sous l'invocation de saint

Jean-Népomucène. On dit la messe dans ces chapelles certains jours de l'année.

Nous descendîmes d'un étage à l'autre, et, parvenus dans le plus profond, c'est-à-dire à près de mille pieds dans les entrailles de la terre, nous vîmes avec étonnement comme un peuple tout entier occupé dans ces vastes souterrains. On ne nous laissa point aller seuls dans ces manoirs ténébreux; on courrait risque de s'égarer en traversant la multitude de chemins et de galeries qui s'y croisent, et forment comme un labyrinthe aux yeux de celui qui s'y trouve pour la première fois. Plusieurs des excavations d'où le sel a été tiré, sont d'une immense étendue; quelques-unes sont soutenues par des poutres, d'autres par de grands piliers de sel qu'on y a laissés dans ce dessein; d'autres, quoique très vastes, n'ont aucun support dans le milieu. J'en remarquai une de cette dernière sorte, qui avait bien quatre-vingts pieds de haut, et qui était si longue et si large, que dans cette obscurité souterraine elle semblait n'avoir point de limites. On voit pendre tout le long de ces voûtes de l'eau de sel pétrifiée comme des glaçons qui pendent aux gouttières ; et lorsque cela a pris un corps assez dur pour être travaillé, on en fait des chapelets et d'autres petits ouvrages.

Les mines de Williska sont exploitées ordinairement par douze cents hommes, et quelquefois par deux mille. On y a compté jusqu'à quatre-vingts chevaux. Ces animaux y sont nourris, entretenus, et n'en sortent que lorsqu'ils sont hors d'état de travailler : l'air de ces souterrains est si rude, que ces animaux y deviennent aveugles en peu de tems. Chaque mineur a une hutte ; c'est une chambre carrée, pratiquée de chaque côté des galeries dans le sel, fermée avec une porte de bois ordinaire : il y serre ses ustensiles le soir avant de sortir de la mine.

Dans les premiers tems de l'exploitation de cette mine, on condamnait les malfaiteurs à ces travaux. Ils ne sortaient point de ces souterrains ; leurs femmes les y suivaient, et les enfans qui naissaient étaient destinés à l'école de la mine ; mais depuis long-tems les travailleurs sont des ouvriers libres. Ils remontent et descendent au moyen d'échelles ordinaires, un peu inclinées, et qui communiquent depuis le dehors de la mine jusque dans la plus basse galerie : s'ils étaient obligés de remonter ou de descendre par la grosse corde, deux heures ne suffiraient pas pour un aussi grand nombre d'ouvriers. On ignore depuis quel tems on tire du sel de cette mine ; il en est fait mention dans les annales de la Pologne dès l'an 1237, et l'on n'en parle point comme d'une découverte récente.

Une chose qui m'a fort étonné, c'est d'avoir vu dans la carrière la plus profonde une source d'eau douce et fraîche. Elle file à travers une couche d'argile sablonneuse d'environ trois pieds et demi d'épaisseur, forme un petit ruisseau qui coule dans l'une des galeries de ce souterrain, et sert à abreuver les travailleurs et les chevaux.

Nous marchâmes pendant cinq à six heures dans cette mine. Lorsque nous eûmes satisfait notre curiosité, nous remontâmes d'étage en étage jusqu'au premier ; là nous reprîmes nos places le long de la grosse corde, la roue tourna, et nous nous vîmes de nouveau suspendus dans le long tuyau du puits. Enfin, nous vîmes le jour, et ce fut avec une véritable joie. Plusieurs d'entre nous avouèrent que ces vastes souterrains étaient très curieux à voir, mais que c'était bien assez d'y avoir voyagé une fois dans sa vie.

La plus célèbre des mines de diamans de Golconde est située à huit ou neuf journées de Visapour. C'est dans des roches placées au milieu d'un terrain sablonneux, que se trouvent ces petites pierres d'un si grand prix. Ces roches ont plusieurs veines, tantôt larges d'un demi-doigt, tantôt d'un doigt entier. Les mineurs sont armés de petits fers crochus par le bout, qu'ils fourrent dans ces veines pour en tirer le sable ou la terre, et c'est dans cette terre qu'ils trouvent les diamans. Les pierreries étant ce que la nature produit de plus brillant, elles entrent naturellement dans toutes les parures distinguées ; elles forment surtout ces beaux diadèmes qui relèvent la majesté des têtes couronnées. Le plus beau diamant qui soit sorti de ces mines, pèse deux cent soixante-dix-neuf karats, et vaut environ douze millions : il appartient au Grand-Mogol. Mais ce qui m'engage surtout à vous parler de ces mines de diamans, ce sont les petits enfans qui y font le commerce. « C'est un spectacle agréable, dit le voyageur Tavernier, de voir paraître tous les jours, au matin, les enfans des maîtres mineurs et d'autres gens du pays, depuis l'âge de dix ans jusqu'à l'âge de quinze ou seize, qui viennent s'asseoir sous un gros arbre dans la place du bourg. Chacun d'eux a son poids de diamans dans un petit sac pendu d'un côté de sa ceinture, et de l'autre une bourse attachée, qui contient quelquefois jusqu'à cinq ou six cents pagodes d'or (1) : ils attendent qu'on leur vienne vendre quelques diamans, soit du lieu même ou de quelque autre mine. Quand on leur en présente un, on le met entre les mains du plus âgé de ces enfans, qui est comme le chef des autres ; il le considère soigneusement et le fait passer à son voisin, qui

____

(1) Une pagode vaut environ 50 sous.

l'examine à son tour. Ainsi la pierre circule de main en main dans un grand silence, jusqu'à ce qu'elle revienne au premier. Il en demande alors le prix pour en
faire le marché, et s'il l'achète trop cher,
c'est pour son compte. Le soir, tous ces
enfans font la somme de ce qu'ils ont acheté. Ils regardent leurs pierres, et les clas-
sent suivant leur valeur; ils mettent le
prix sur chacune, à peu près comme elles
pourraient être vendues aux étrangers;
ensuite ils les portent aux maîtres mineurs,
qui ont toujours quantité de parties à as-
sortir; et tout le profit se partage entre ces
jeunes marchands, avec cette seule différence que le chef ou le plus âgé, prend
un quart pour cent de plus que les autres.

ÉMILE.

Comment des enfans peuvent-ils faire
ces évaluations sans se tromper?

M. VALMONT.

Ils connaissent si bien le prix de toutes ces pierres, ajoute Tavernier , que si l'un d'eux, après en avoir acheté une, veut perdre un demi pour cent, un autre est prêt à lui rendre aussitôt son argent.

SIXIÈME ENTRETIEN.

NOUVELLE ÉRUPTION DU VÉSUVE EN 1834, ET VOYAGE RÉCENT AU SOMMET DU POPOCATE-PETL, DANS LE MEXIQUE.

La petite famille de M. Valmont voyait avec chagrin que l'intéressant manuscrit tirait à sa fin. Mes amis, dit le bon père, ceci n'est qu'un encouragement à savoir, dans tout le cours de votre vie, occuper agréablement vos loisirs par la lecture attrayante des voyages. Il est inconcevable que tant de gens passent habituellement des soirées entières à jouer aux cartes, aux dominos, ou à tout autre jeu aussi futile, lorsqu'ils savent lire, et qu'ils pourraient s'instruire tout en se récréant de la

manière la plus complète. C'est une satisfaction pour moi de vous voir aussi attentifs à notre lecture journalière; ne perdez
jama s le goût d'un passe-tems si profita-
ble à l'esprit.

Avant de nous rendre au but de notre
promenade, je veux encore vous faire
voyager en idée dans quelques contrées
lointaines. Je vais d'abord rappeler votre
attention sur le Vésuve. Tandis que nous
nous entretenions de ses anciennes et terribles éruptions, une éruption nouvelle et
non moins désastreuse venait jeter l'épouvante parmi les habitans de ces contrées.
Elle a commencé le 22 août, et a duré six
jours entiers. Il y avait quelque tems que
les sources d'eau avaient été desséchées à
Ottajano, à Palma, à Nola, et dans d'autres endroits voisins; ce qui annonçait une
prochaine commotion. Le 22 août, vers
sept heures du soir, le volcan commença
à se couvrir d'une fumée tellement noire,

tellement épaisse, qu'elle en déroba la vue.
A dix heures, une secousse se fit sentir,
et le feu parut au haut du cône; il con-
sistait en éjections de pierres, de scories
et de sables enflammés; l'éruption continua toute la nuit accompagnée de reten-
tissemens effroyables. Le lendemain trois
fortes secousses firent crever un des flancs
du volcan qui livra passage à un torrent
de lave enflammée débordant avec fureur
dans les campagnes environnantes. Tout
fuyait devant ce fleuve d'une couleur rougeâtre approchant de celle du sang, et qui
était parsemé de lueurs phosphorescentes
brillant le soir d'un vif éclat au milieu des
ténèbres.

Le 24, une nouvelle secousse opéra plusieurs grandes crevasses d'où sortirent, en
flots tourbillonnans, d'autres torrens de
lave, qui se précipitèrent avec impétuosité du côté de Bosco-tre-case et de Bosco-
Reale. En même tems, de fortes détonna-

tions avaient lieu, et une gerbe de flammes s'élançait jusqu'au firmament, éclai-
rant tout le pays dans un rayon de quinze
lieues. Le 25, à deux heures de la nuit,
une nouvelle ouverture se forma au pied
du cône, il en sortit du feu et des torrens
de lave qui avancèrent si rapidement, que
le matin des voyageurs venant de Castellamare trouvèrent une grande partie de terrain cultivé couvert de cette matière brûlante. Mais ce n'était que le prélude de ravages plus terribles qui eurent lieu le 27.
La lave sortie du nouveau cratère avait une
demi-lieue de large et dix à quinze pieds
de haut; elle entraînait des masses de rochers et ensevelissait des villages entiers.
Le 28, ces ruisseaux de feu continuaient
leurs ravages; à leur approche les arbres
se desséchaient, et en se racornissant, les
feuilles faisaient entendre un petit frémis-
sement senore. On rapporte qu'avant d'ê-
tre atteints par la lave, on a vu des arbres

brûler tout-à-coup dans leurs parties supérieures, et répandre une lumière vive
et blanche, comme ces phares élevés qui
nous éclairent par le moyen du gaz.

Le fils d'un négociant de Bordeaux, té-
moin oculaire de cette nouvelle éruption,
en a donné les détails suivans dans une
lettre adressée à son père. « Je viens d'as-
» sister au spectacle le plus épouvantable.
» Quelle chose affreuse que de voir des
» milliers de familles fuir ensemble le sol
» qui les a vu naître; des vieillards, des
» femmes, de jeunes enfans se traîner
» dans la cendre pour implorer des se-
» cours! J'ai passé 22 heures au milieu
» des malheurs les plus déplorables, des
» cris les plus déchirans, à consoler les
» pauvres victimes qui ne demandaient
» pitié que pour des parens infirmes.
» Quinze cents maisons, palais et châ-
» teaux, pouvant réunir une population
» de huit mille personnes, plus de vingt-

» cinq mille journaux de terre parfaite-
» ment cultivés, viennent d'être brûlés
» par le feu. Cette éruption, qui était an-
» noncée par le tarissement des fontaines,
» a surpassé tout ce que l'histoire nous
» transmet. La première détonnation sor-
» tie du cratère, a détruit le grand cône
» situé sur le plateau au haut de la mon-
» tagne : cette abondance de matières en-
» flammées a produit, par sa concentra-
» tion dans la fournaise, des éclairs en
» quantité qui se frayaient passage par
» tous les flancs de la montagne. Une nou-
» velle bouche s'est ouverte au haut du
» grand cône sur de vieux débris, et elle
» a inondé la plaine de torrens de feu.

» J'ai passé la nuit la plus terrible au-
» près du roi et des ministres, qui s'étaient
» rendus sur les lieux pour consoler les
» malheureuses victimes de ce désastre;
» le village de Saint-Félix où nous avions
» établi notre quartier était déjà aban-

» donné par ses habitans. La lave y est
» venue, et dans une demi-heure au plus,
» maisons, églises, palais, châteaux, tout
» a été dévoré par les flammes. Quatre
» villages, maisons éparses, châteaux de
» plaisance, vignes, bosquets, jardins,
» qui offraient un instant avant un coup-
» d'œil magnifique, ressemblaient, peu
» d'instans après, à une mer enflammée.

» Le palais du prince d'Attayanno, les
» bâtimens d'exploitation pour sa belle
» propriété du Mauro, n'existent plus;
» cinq cents journaux de terre sont cou-
» verts par le feu. La cendre est tombée
» dans Naples toute la nuit; si la lave était
» venue dans cette direction, c'en était
» fait de cette superbe ville. »

Les quatre villages dont il est question
dans cette lettre sont ceux de Mauro, San-
Giovanni, Capo-Secco et Torcino. Le cours
du dernier fleuve de feu ne s'arrêta que le
28 août, après s'être avancé jusqu'à Sca-

fati, petite ville manufacturière ; il était sur le point de rompre les communications entre Castellamare et Nola, ne se trouvant plus qu'à quelques centaines de pas de la grande route. Le 29 le cratère vomit des nuages de cendres qui vinrent tomber en pluie dans la ville de Naples, et semèrent l'effroi parmi les habitans. Le Roi s'est rendu sur les lieux où il y avait eu le plus de malheur à déplorer ; il a de suite fait distribuer 5000 ducats (environ 22,000 f.), et il a adouci bien des peines par ses paroles consolatrices.

Émile répéta ce qu'il avait dit lors de l'entretien sur l'Etna ; qu'il ne voudrait pas habiter dans le voisinage d'un volcan. — Mon ami, reprit son père, ceux qui viennent ainsi réédifier leurs chaumières sur ces funestes débris, prouvent combien est fort dans le cœur humain l'amour du sol natal. De même que c'est l'amour de la gloire qui fait entreprendre à des savans l'exploration de lieux si dangereux.

Je vais terminer ces entretiens par le récit d'une ascension au sommet du Popocatepetl, qui est aussi un mont volcanique du Pérou. Nous en devons l'intéressante relation à M. le baron Gros, secrétaire de la légation française au Mexique, qui a eu le courage d'entreprendre, dans la présente année 1834, cette expédition périlleuse, accompagné dans son hardi projet par M. de Gerolt, consul général de Prusse, et M. Egerton, peintre anglais. Voici un extrait de cette relation :

« La vallée de Mexico, l'un des sites les plus pittoresques du Monde, est bornée à l'est-sud-est par une chaîne de montagnes d'où s'élèvent deux volcans connus sous les noms indiens d'Iztaciuhatl et de Popocatepetl. Leurs cîmes, éternellement couvertes de neige, sont à seize et à dix-huit mille pieds anglais au-dessus du niveau de la mer. Le premier, le plus rapproché de Mexico, présente une crête irrégulièrement déchirée qui s'étend du nord-ouest au sud-est. Le second est un cône parfait. Il ressemble assez à l'Etna, mais sa base ne repose pas comme celle de ce dernier volcan sur un plan horizontal. Le Popocatepetl se trouve sur le bord du grand plateau des Cordillières. D'un côté, vers le nord-ouest, les forêts de sapin qui l'enveloppent entièrement, finissent au pied de la vallée, et les derniers arbres se mêlent aux champs de blé, de maïs et d'autres plantes d'Europe qui croissent à cette hauteur; mais vers le sud-est, les forêts continuent à descendre. Elles changent de nature à chaque pas, et disparaissent bientôt pour faire place aux cannes à sucre, aux cactus, et à toute la riche et singulière végétation des tropiques. Un voyageur qui partirait des sables volcaniques, un peu au-dessus des limites de la végétation, et qui descendrait en ligne droite dans la vallée de Cuautla-Amilpas, aurait en quelques heures parcouru tous les climats, et pu cueillir toutes les plantes qui croissent entre le pôle et l'équateur.

» Il résulte de cette position, que les neiges qui se trouvent du côté du sud-est doivent, dans des circonstances données, subir l'influence des couches d'air chaud qui s'élèvent continuellement de la vallée de Cuautla, et c'est ce qui arrive en effet. Ces neiges fondent en partie dans la saison sèche, et tandis que le nord du cône volcanique est constamment couvert de neige et de glaces qui descendent jusqu'aux premiers sapins, les laves et les porphires du sud sont mis à nu presque jusqu'à la cime du volcan.

» C'est donc de ce côté que l'on doit chercher un passage lorsque l'on veut tenter d'arriver au sommet de cette montagne, la plus élevée du continent nord de l'Amérique, et c'est ce que j'ai fait cette année, comme l'année dernière, mais avec des résultats bien différens. Ma première tentative avait été malheureuse. Cette année, un concours de circonstances nous a favorisés. Nous étions munis de baromètres, d'une boussole, de quelques thermomètres, d'une bonne lunette d'approche et d'un hygromètre à vapeur d'éther. J'avais fait faire une tente sous laquelle nous pouvions braver l'orage. Nous avions des haches, des scies, des cordes et des bambous ferrés, indispensables dans une expédition de ce genre; le mien avait 15 pieds de longueur; je le destinais à rester après nous sur le sommet du volcan, mais je n'en disais rien à mes compagnons de voyage. Nous pouvions échouer dans notre entreprise, et je ne voulais pas vendre la peau de l'ours avant de l'avoir tué.

» Nous nous mîmes en route et nous

arrivâmes à Ozumba à trois heures du soir. Nous envoyâmes chercher les mêmes guides qui nous avaient servi l'année dernière. Ce sont des Indiens du village d'Atlautla, situé au pied même du Popocatepetl. Nous fîmes des provisions pour quatre jours, et le lendemain matin, à sept heures, nous commencions à gravir la montagne avec nos mules et nos chevaux. A une heure, nous avions atteint la Vaqueria, ou Rancho de Zacapepelo, véritable châlet suisse, qui sert d'abri aux gardiens d'un nombreux troupeau de vaches, et dernier point habité sur la montagne. A trois heures, nous étions rendus aux limites de la végétation, où l'on arrive par des sentiers presque frayés, puisque nous n'avons fait usage de nos haches que dans un seul endroit. Pour qui connaît les Alpes, je n'ai rien à dire sur ces forêts admirables de chênes, de sapins et de mélèses, qu'il faut traverser : elles se ressemblent sur les deux hémisphères; seulement on trouve au pied de celle-ci de nombreuses bandes de *guacamaias*, gros perroquet vert à tête rouge, que l'on ne rencontre ni à Chamouni ni à Sallenches. Il y a aussi dans la forêt des lions d'une petite espèce, des jaguars, des loups, des cerfs, des chevreuils et une grande quantité de chats sauvages, mais nous n'avons pas vu un seul de tous ces animaux.

» A mesure que l'on s'élève dans le bois, les sapins deviennent plus rares et plus petits. Près des sables, ils sont en quelque sorte rachitiques, et toutes leurs branches se penchent vers la terre comme si elles allaient chercher plus bas un air moins raréfié. Après ces derniers sapins, dont la plupart sont renversés et à moitié pourris, l'on ne trouve plus que quelques touffes d'une espèce de groseiller à fruit noir; puis, de distance en distance, des paquets de mousse jaunâtre, qui croissent en

demi-sphère au milieu des débris de pierre-
ponce, de lave et de basalte; enfin toute
végétation cesse entièrement. L'on commence à sentir alors que l'on n'est plus dans
la sphère où il est possible de vivre. La
respiration est gênée; une sorte de tristesse
qui n'est pas sans charme, s'empare de
vous; et, en vérité, je ne saurais trop défi-
nir l'impression que l'on éprouve en entrant dans ces déserts.

» Du moment où l'on quitte le bois,
l'on n'aperçoit plus jusqu'au tiers du cône
volcanique qu'une immense étendue de
sable violet, tellement fin dans quelques
endroits, que le vent en ride la surface
avec une régularité parfaite. Des blocs de
porphyre rouge, qui se sont détachés de la
cime du volcan, sont épars çà et là, et
rompent la monotonie de ce spectacle. Le
sommet des ondulations que forme le sable est recouvert par une quantité prodigieuse de petites pierres ponces jaunâtres.

que le vent paraît y avoir amoncelées. Enfin, quelques crêtes de rochers volcaniques
descendent des masses de porphyre et de
laves noirâtres qui forment le sommet de
la montagne, et sillonnent ces sables pour
aller se perdre dans la forêt. La partie la
plus élevée du volcan est entièrement couverte de neige, et cette neige a d'autant
plus d'éclat, que le ciel sur lequel elle se
détache est d'un bleu devenu presque
noir. Quelques traces de loups et de jaguars se voient sur les sables qui bordent
le bois.

» Après avoir admiré pendant quelque
tems ce triste et singulier spectacle, nous
sommes rentrés dans la forêt, et j'ai fait
dresser la tente. Nous avons souffert du
froid pendant la nuit.

» Le 29, à trois heures du matin, et par
un beau clair de lune, nous étions en
route, chaudement vêtus, la figure et les
yeux préservés par des lunettes vertes et

par une gaze de même couleur qui nous
enveloppait la tête ; mon drapeau me servait de ceinture. Nous étions sept, chacun
de nous portait un petit sac contenant du
pain et un flacon d'eau sucrée. Les Indiens étaient chargés de nos instrumens
et de quelques vivres. Nous marchions
l'un derrière l'autre, notre bâton ferré à
la main, et nous avions soin de mettre les
pieds dans les traces du premier guide,
afin de trouver un terrain plus solide.
Nous allions très lentement, et force était
de nous arrêter de quinze en quinze pas
pour pouvoir reprendre haleine. Le flacon
d'eau sucrée m'était d'un grand secours ;
car, obligé de respirer la bouche béante,
mon gosier se desséchait au point de deve-
nir douloureux, et quelques gouttes d'eau,
prises de cinq en cinq minutes, empê-
chaient que la douleur ne devînt insupportable. Nous allions en zig-zag et de côté.
La pente est si rapide, qu'il eût été diffi-

cile et dangereux de la monter en ligne directe.

» A neuf heures, nous avions atteint ce fameux Pico del Fraïle, que nous n'avions pas pu dépasser l'année dernière. Ce pic est un amas de roches trachtiques rougeâtres qui se trouvent sur l'une des crêtes qui descendent du sommet. Sa hauteur perpendiculaire est de 80 ou 100 pieds sur un diamètre de 50. Il se termine en pointe, et se voit distinctement de Mexico. Nos guides avaient consenti avec peine à venir jusque là; mais rien n'a pu les décider à continuer le voyage. Notre marche jusqu'au Pico avait été longue et pénible, mais peu dangereuse. L'oppression que j'éprouvais était moins forte que je ne l'avais craint, et mon poulx ne battait que 120 pulsations par minute. Nous avions bon courage, du tems devant nous, et un ciel aussi pur que possible.

» Il entrait dans nos plans de nous ar-

14*

rêter au Pico del Fraïle, et d'y réparer nos
forces en y faisant un léger déjeûner. Je
crois qu'il serait imprudent, à cette hauteur, de manger un peu trop ou de boire
quelque liqueur spiritueuse, car le sys-
tème nerveux s'y trouve excité d'une manière inconcevable. Nous n'avons donc
pris qu'un morceau de pain, un peu de
blanc de poulet, et un verre d'eau rougie,
et après une heure de repos au pied du
Pico, nous nous sommes remis en route.

Après avoir dépassé le Fraïle, on trouve
à gauche, ou pour mieux dire, sur son
prolongement, une crête qui aboutit à des
masses de rochers qui s'exfolient comme
l'ardoise. Elles s'élèvent perpendiculairement à 150 pieds de hauteur. La neige en
recouvre le sommet, et de longues stalactites de glace en remplissent toutes les
fentes. Il n'y a aucune issue de ce côté.
A droite l'on aperçoit un ravin assez profond, que nous avions pris de loin pour

un reste de cratère. Il s'étend en ligne droite depuis la cime du volcan jusqu'aux premiers sapins, et se trouve entrecoupé de basalte, de lave et de porphyre, et traversé quelquefois dans toute sa largeur par des murs de roches perpendiculaires et par des amas de neige considérables; mais on reconnaît facilement qu'on peut, en faisant quelques détours, monter par-là jusqu'au sommet du volcan. Nous descendîmes donc dans ce ravin, et sans nous perdre de vue, nous prîmes chacun une route différente. M. de Gérolt suivait le milieu. Je marchais à gauche, au pied de ce mur de rochers qui tient au Pico. M. Egerton se trouvait entre nous deux. Je croyais mon chemin le meilleur, mais je m'étais trompé; j'ai manqué vingt fois m'y casser le cou, et si je recommence le voyage, c'est le fond du ravin que je prendrai.

« Lorsque nous pouvions atteindre la

neige, nous marchions avec plus de facilité. Elle se trouvait alors sillonnée par le vent, et surtout par l'ardeur du soleil, comme le serait un champ nouvellement labouré, et comme les sillons étaient parallèles à l'horizon, ils nous servaient de marches. Dans les sables et sur les rochers il y avait danger réel, et une étourderie ou une maladresse aurait été funeste à celui qui l'aurait commise.

» A midi, nous avions tourné et atteint le sommet de ces roches perpendiculaires dont j'ai parlé plus hau ; mais nos forces commençaient à manquer, et de dix pas en dix pas nous étions obligés de faire une longue pose pour respirer et permettre à la circulation du sang de se calmer un peu. Quoiqu'au milieu des neiges, nous n'éprouvions la sensation du froid que lorsque nous buvions ou que nous touchions le métal de nos instrumens. Il fallait crier très fort pour se faire entendre à vingt pas de distance. Enfin, l'air est si rare à cette hauteur, que j'ai essayé inutilement de siffler, et que M. Egerton avait toutes les peines du monde à tirer quelques sons d'un cornet qu'il avait pris avec lui.

» A deux heures et demie, M. de Gérolt était sur le point le plus élevé du volcan. Il sautait de joie, et me faisait signe qu'il y avait un gouffre à ses pieds. A 2 heures 57 minutes, j'avais atteint le sommet, et je me trouvais sur le bord le plus élevé du cratère. Là, toutes fatigues avaient disparu, la respiration n'était plus gênée; le spectacle que j'avais sous les yeux m'absorbait entièrement, et me redonnait une nouvelle vie; j'étais dans un état d'exaltation difficile à concevoir, et je sautais à mon tour pour encourager M. Egerton qui avait encore quelques mauvais passages à franchir.

» Le cratère est un gouffre immense presque circulaire, ayant une forte rentrée du côté du nord et quelques sinuosités au sud. Il peut avoir *une lieue* de circonférence et neuf cents ou mille pieds de profondeur perpendiculaire. Les murs du gouffre sont à pic. Ils présentent distinctement trois larges couches horizontales, coupées perpendiculairement et presqu'à des distances égales par des lignes noires et grisâtres. Le fond est un entonnoir formé par les éboulemens successifs qui ont encore lieu chaque jour. Le bord intérieur, depuis sa surface jusqu'à 15 ou 20 pieds plus bas, est un amas de couches noires, rouges et blanchâtres, très minces, sur lesquelles reposent des blocs de roches volcaniques destinées à tomber dans le cratère. Ses parois son jaunâtres, et présentent au premier coup-d'œil l'aspect d'une carrière à plâtre. Le fond et le plan incliné de l'entonnoir sont couverts d'une immense quantité de blocs de soufre parfaitement pur. Du milieu de cet abîme s'élancent, en tourbillonnant avec force, des masses de vapeurs blanches qui se dissipent en atteignant la moitié de la hauteur intérieure du cratère. Quelques ouvertures qui se trouvent sur la pente de l'entonnoir en projettent aussi. Enfin, sept fissures principales, placées entre les couches qui forment le bord même du cratère, en dégagent quelques jets qui ne s'élèvent qu'à une hauteur de 15 ou 20 pieds.

» Les ouvertures du fond sont rondes et entourées d'une large zone de soufre pur. Nul doute que ces vapeurs qui s'échappent avec tant de force n'entraînent avec elles une grande quantité de soufre en sublimation, dont une partie se dépose sur les pierres et sur le bord des soupiraux. Le dégagement du gaz acide sulfureux est si considérable, qu'au sommet du volcan nous en étions incommodés. Nous n'avons pas pu nous procurer un morceau de ces substances blanchâtres qui tapissent les parois du volcan. M. de Gérolt qui voulut en prendre, faillit payer cher son imprudence. Il était descendu sur un petit plan incliné qui se trouve dans l'une des déchirures du cratère ; mais le sable manquant sous ses pieds, il glissait vers l'abîme, lorsqu'il fut assez heureux pour s'arrêter au moyen de son bâton ferré....

» Le bord extérieur du cratère est entièrement dégarni de neige ; mais dans l'intérieur on voit, du côté où le soleil ne donne pas, un assez grand nombre de stalactites de glace qui descendent jusqu'au commencement de la troisième couche. Le sommet le plus élevé du volcan est une petite plate-forme de 15 ou 20 pieds de diamètre, où l'on retrouve le même sable violet si abondant à la base du cône. Ce sable a une chaleur sensible à la main. On comprend facilement tout ce que peut avoir d'imposant un spectacle semblable. Ces masses de lave, de porphyre et de scories rouges et noires , ces tourbillons de vapeurs , ces stalactites, ce soufre, cette neige, tout ce mélange enfin si singulier de glace et de feu , que nous trouvions à dix-huit mille pieds de hauteur dans l'atmosphère, nous avait singulièrement monté l'imagination. M. Egerton prétendait que nous avions découvert les forges du diable. Nous étions harassés ; j'éprouvais un violent mal de tête et une pression assez forte sur les tempes ; mon pouls battait 145 pulsations par minute , et 108 seulement après avoir pris quelque repos , guère plus oppressé qu'au Pico del Fraïle. Nous étions tous d'une pâleur effrayante, nos lèvres étaient d'un bleu livide , et nos yeux enfoncés dans leur orbite ; aussi, lorsque nous nous reposions sur les rochers , les bras jetés par dessus la tête, ou que nous nous étendions sur le sable, les yeux fermés, la bouche béante et sans nos masques , pour respirer plus aisément, ressemblions-nous à des cadavres. Quoique prévenu à cet égard, je n'en éprouvais pas moins une sensation désagréable, lorsque je considérais de près l'un de mes compagnons de voyage.

On lit dans toutes les histoires de la conquête du Mexique, que don Diego Ordaz, l'un des capitaines de Fernand Cortès était allé sur le volcan chercher du soufre pour faire de la poudre. Peut-être y avait-il alors sur le penchant de la montagne quelques fissures où il se déposait, comme cela se voit encore en Italie. Je ne crois pas que l'on puisse atteindre à celui qui se trouve dans le cratère, et il est probable que du tems de Fernand Cortès le volcan avait plus d'activité qu'il n'en a maintenant. Le soufre pur, déposé au fond de l'entonnoir, s'y trouve par millions de quintaux; l'atmosphère est infectée de ses émanations, et il serait impossible, je n'en doute pas, de se faire descendre à deux cents pieds dans le gouffre, sans être asphyxié par les vapeurs sulfureuses qui le remplissent. Or, à cette profondeur, l'on n'aurait encore fait que le quart du chemin nécessaire pour arriver aux masses jaunes qui tapissent le fond. En supposant même que l'on pût y respirer librement, il faudrait, pour descendre jusqu'au plan incliné le plus élevé, des cordes d'une longueur prodigieuse ; et comment les porter sur le volcan, lorsque l'on a déjà tant de peine à y monter, et qu'à une certaine hauteur, le moindre poids devient un fardeau insupportable? Je crois donc que si Diego Ordaz a recueilli du soufre sur le Popocatepetl, ce ne peut être qu'un peu au-dessus des sables volcaniques, et non dans le cratère.

— Quel courage il faut avoir, dit Céleste, pour se hasarder parmi ces matières sulfureuses! Voyons comment M. le baron Gros termine sa relation.

» A trois heures et demie, nous avions fait nos expériences, et planté mon drapeau sur le point le plus élevé du volcan;

à quatre heures, nous étions revenus dans le grand ravin du *Pico del Fraïle,* où nos guides nous attendaient. Nous leur fîmes signe de regagner la tente, et nous continuâmes à descendre par une route différente de celle que nous avions prise en montant. A six heures nous étions sous la tente, mais trop fatigués, et surtout trop agités pour bien dormir. Éveillé, je ne parlais que du cratère, et si je venais à m'endormir, je remontais là-haut, l'oppression recommençait, et je me réveillais en sursaut.

» Le lendemain, 3o avril, à 7 heures, le camp était levé, et à 2 heures après midi nous étions à Ozumba. Nous avions fait dans la forêt une ample moisson de plantes et de fleurs pour le docteur Schide, botaniste allemand très connu en Europe, et je lui ai apporté, je crois, une plante nouvelle qu'il n'a pas encore déterminée. C'est un arbuste assez semblable à notre laurier rose, mais dont les fleurs sont de jolies grappes de muguet, d'un blanc rosé.

» A Ozumba, je plaçai dans la cour de la maison que nous habitions, une bonne lunette d'approche, fixe, et dirigée sur le sommet du volcan, et pendant deux jours, cette cour a été remplie de curieux qui venaient voir flotter notre drapeau. »

— Notre compatriote M. le baron Gros est-il le premier qui soit monté au sommet de ce volcan? demanda Émile. — Non, répondit son père, un grand nombre de tentatives ont été faites, et presque toutes ont échoué par des causes différentes. Arrivés à une certaine hauteur, quelques voyageurs ont été pris de vomissemens de sang qui les ont forcés à renoncer à leur entreprise. Cependant, en 1825 et en 1830, quelques Anglais sont parvenus jusqu'au cratère. On cite M. William Glenie, comme le premier qui ait surmonté tous les obstacles.

CONCLUSION.

Mes enfans, dit en terminant le bon

père de famille, à l'aide de mon petit manuscrit, vous connaissez maintenant les
principaux monumens où la nature a dé-
ployé toute sa grandeur, toute sa majesté,
toute sa magnificence. Ces connaissances
générales vous inspireront sans doute le désir de vous instruire plus particulièrement
encore : tel a été le but de l'auteur de mon
petit livre. Il existe sur la surface du globe
mille autres curiosités naturelles, mille
autres beautés pittoresques, ouvrages également merveilleux de la nature, que vous
apprendrez à connaître en étudiant avec
soin la géographie, et en lisant les relations des plus célèbres voyageurs. Je vous
le répète, cette lecture est la plus intéressante et la plus instructive à laquelle on
puisse consacrer ses momens de loisir. Surtout, pénétrez-vous bien de ces paroles
d'un écrivain justement estimé : « Accu-
muler dans sa tête toutes les particularités
de la nature, sans en connaître l'auteur,
connaître tous les biens qu'il nous fait sans

en être plus religieux, c'est ressembler à ces avares ou à ces riches de mauvais goût, qui ne savent point faire usage de l'argent ni des meubles qu'ils possèdent : ils entassent vaisselle sur vaisselle, tapisseries sur tapisseries, et font de leur maison un garde-meuble sans être jamais meublés. Bien des personnes regardent l'histoire naturelle comme un moyen propre à leur orner l'esprit, d'autres s'y appliquent pour prendre part aux disputes des savans, quelques-uns pour former un cabinet, la plupart pour se procurer un délassement après des occupations pénibles ; le spectacle de la nature nous est donné pour une fin plus noble : il tend à nous rendre meilleurs, en nous inspirant un tendre respect pour l'auteur de nos biens. Dieu, en répandant la beauté sur tous ses ouvrages, a voulu non seulement attirer nos yeux, mais encore nous toucher par ses bienfaits. L'histoire naturelle est donc l'histoire de ses présens ; plus nous y faisons de progrès, plus nous comprenons combien nous avons reçu ; mais savoir ce qu'on a reçu, et perdre de vue son bienfaiteur, c'est être savant et ingrat. Nos connaissances ne sont estimables qu'à proportion de la conduite et des sentimens qui y répondent (1). »

Les enfans se jetèrent avec effusion de cœur dans les bras de leur père, en l'assurant qu'ils ne cesseraient pas un seul instant de reconnaître le vrai mérite et le légitime usage des études scientifiques. M. Valmont les embrassa tendrement, et les mena visiter l'arbre extraordinaire qui était le but de leur promenade.

FIN.

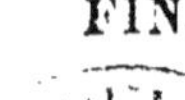

____

(1) Pluche, *Spectacle de la Nature.*

TABLE DES MATIÈRES.

FIN DE LA TABLE.

TOUL, IMPRIMERIE DE V° BASTIEN.